Viviane Theby
Katja Frey
Nina Steigerwald

Clickerfitte Pferde

gesund, geschickt und gut erzogen

Viviane Theby
Katja Frey
Nina Steigerwald

Clickerfitte Pferde

gesund, geschickt und gut erzogen

Einbandgestaltung: Kornelia Erlewein
Titelbilder: Viviane Theby
Bildnachweis:
Mario Steigerwald: S. 53, S.6 4, S. 65, S. 75, S. 78
Katja Frey: S. 67, S. 101, S. 124, S. 135, S. 141 oben li, S. 156 unten re, S. 157 mitte li und unten mitte
Frau Meyer: S. 141 oben re
Roland Hug: S. 142, S. 150, S. 151
Kerstin Diacont: S. 99 unten, S.148, S. 149, S. 152, S. 153 li
Frau Senkel: S. 153 re, S. 157 unten li
Alle anderen: Archiv Tierakademie

Alle Angaben in diesem Buch wurden nach bestem Wissen und Gewissen gemacht. Sie entbinden den Pferdehalter nicht von der Eigenverantwortung für sein Tier. Für einen eventuellen Missbrauch der Informationen in diesem Buch können weder die Autorinnen noch der Verlag oder die Vertreiber des Buches zur Verantwortung gezogen werden. Eine Haftung für Personen-, Sach- und Vermögensschäden ist ausgeschlossen.

ISBN 978-3-275-01775-1

Sie finden uns im Internet unter www.mueller-rueschlikon-verlag.de

1. Auflage 2011

Gesamtleitung: Claudia König
Lektorat: Kerstin Diacont
Innengestaltung: Kerstin Diacont
Druck und Bindung: Fortuna Libri SK, 85101 Bratislava
Printed in Slowak Republic

Danksagung

Wir möchten uns bei allen bedanken, die zur Entstehung dieses Buches beigetragen haben. An erster Stelle stehen natürlich die vielen Seminarteilnehmer und Schüler, die uns immer wieder zum Nach- und Umdenken bringen. Vielen Dank auch an die Models für dieses Buch, denn es ist nicht einfach, wenn man immer wieder hört »Und noch einmal bitte«. Ein ganz besonderer Dank auch an den Müller-Rüschlikon-Verlag, der dieses Thema aufgegriffen hat, und da besonders an Frau König, mit der die Arbeit ganz viel Spaß gemacht hat. Kerstin Diacont danken wir für die schöne grafische Umsetzung unserer Ideen, auch wenn sie viele »schön« aus dem Text streichen musste. Nicht zuletzt danken wir jeder unseren Familien und Freunden, die in der Entstehungszeit des Buches häufig etwas kurz kamen.

Widmung

Wir möchten dieses Buch unseren Kindern Chiara, Delia, Matz, Richard und dem kleinen Wunder, das bald noch dazukommt, widmen.

Einleitung

Warum Fitnessübungen?

Möchten Sie aktiv einen wichtigen Beitrag zur Gesundheit Ihres Pferdes leisten? Dann ist Clickerfitness die richtige Entscheidung.

Es gibt mannigfache Ursachen, die zu einer Dysbalance im Bewegungsapparat führen können, d.h. das Pferd ist unter dem Reiter nicht so ausbalanciert im Gleichgewicht, wie es für ein rittiges Pferd wünschenswert ist. Hat Ihr Pferd deutlich eine gute und eine schlechte Seite? Hat es manchmal Probleme mit dem Takt? Brauchen Sie eine lange Zeit, es zu lösen? Lässt es sich im Genick einseitig schlecht stellen?

Machen Sie sich folgende Tatsachen bewusst, um diese Phänomene besser zu verstehen und gegebenenfalls an der richtigen Stelle einzugreifen.

● Normalerweise sind Steppentiere, wie die Vorfahren unserer Pferde, 16 Stunden am Tag mit gesenktem Kopf unterwegs. Selbst die Haltung in einem optimal gestalteten Offenstall kann das nicht leisten.

● Wer von uns ist immer locker und entspannt und zudem ein perfekter Reiter? Da wir beim Reiten maßgeblich durch unseren Körper das Pferd in seinen Bewegungen beeinflussen, übertragen wir dabei auch hier unerwünschte Spannungen von unserem auf den Pferdekörper.

● Das wichtigste Bindeglied zwischen Pferde- und Reiterkörper, nämlich der Sattel, ist ein entscheidender kritischer Punkt im System. Viele Reiter kennen die Odyssee auf der Suche nach dem passenden Sattel. Ebenso sollten auch Gebiss, Stirnriemen und vor allem der Nasenriemen immer wieder überprüft werden.

● Die individuelle Anatomie eines Pferdes ist mitunter nicht optimal; ein zu tief angesetzter Hals beispielsweise, ein Senkrücken oder Fehlstellungen bereiten oft Probleme beim Tragen des Reitergewichtes. Zudem können alte Traumata, wie z.B. Unfälle, verkürzte Muskeln durch Vernarbungen oder ähnliches, gezielte gymnastizierende Übungen für eine taktreine und gerade Bewegung im Gleichgewicht erfordern, da ursächlich oft nichts mehr zu ändern ist.

● Psychische Stressfaktoren wirken sich auf die Beweglichkeit des Körpers aus. Sogenannte »Dickfelle« haben weniger muskulären Stress als die »zarten Hasen«, die in jeder Mülltüte einen Säbelzahntiger sehen.

● Stellung und Winkelung des Hufes haben über die Hebelwirkung einen immensen Einfluss auf den gesamten Bewegungsapparat. Nicht immer können Probleme einfach durch den Schmiedbesuch behoben werden, so dass auch hier Ausgleichsarbeit erforderlich ist.

Das große Ziel: Mensch und Pferd im Gleichgewicht.

Sie werden die physiologischen Abläufe in der Bewegung Ihres Pferdes kennen und verbessern lernen, so dass das gezielte Training Gesundheit und Wohlbefinden nachhaltig zum Positiven verändert. Ihr Pferd bekommt mehr Freude an der Bewegung an sich und meistert die ihm gestellten Aufgaben mit mehr Leichtigkeit. Sie bekommen eine bessere Wahrnehmung für die Bewegungsabläufe und können so im Training, egal welche Reitrichtung, egal ob Freizeit- oder Turnierreiten, Lernfortschritte genauer erkennen und effektiver die eigenen Ziele erreichen.

Ein so trainiertes Pferd ist langfristig gesund und Sie können länger ein schönes Leben miteinander teilen.
Bei uns Menschen übernimmt die Krankenkasse mittlerweile schon Yoga-, Pilates- oder Rückenschulkurse, weil erkannt wurde, dass Prävention sehr wichtig ist. Wir helfen Ihnen dabei, diese

Hier zeigen Sueño und Katja eine entspannte und funktionierende Kommunikation.

Annehmlichkeiten auch Ihrem Pferd zukommen zu lassen.

Ihr Rückentraining hilft Ihnen, Ihren Büroalltag besser zu meistern, Clickerfitness hilft Ihrem Pferd, den Reitalltag lockerer und gesünder zu meistern. Denn so wie wir Menschen nicht zum Sitzen gebaut wurden, sind Pferde nicht zum Tragen eines Reiters geschaffen worden.

Letztendlich erspart Ihnen die Clickerfitness auch eine ganze Menge an Kosten, die sonst durch Probleme am Bewegungsapparat verursacht werden würden.

Warum mit Clicker?

Der Clicker ermöglicht eine klare Kommunikation mit dem Pferd, die schon sehr an die Vorstellung von Dr. Doolittle herankommt. Wie eine amerikanische Trainerin es so schön ausdrückt: The best whisper is the click!

Wünschen Sie sich schon immer ein Pferd, das freudig zur Arbeit kommt? Mit dem Clickertraining können Sie das erreichen. Die Pferde arbeiten aufmerksam und gerne mit, ohne zu betteln und konzentrieren sich auf ihre Aufgabe.

Wir werden Ihnen in diesem Buch auch Übungen vorstellen, die man gar nicht anders trainieren kann, weil man das Pferd als aktiv mitdenkenden Trainingspartner braucht.

Freuen Sie sich auf den Gesichtsausdruck Ihres Pferdes, wenn Sie das Gehirn förmlich rauchen sehen und dann entdecken, wie der Groschen bei ihm gefallen ist, es also »click« gemacht hat. Über diese Trainingsart ist es möglich, Pferde richtiggehend lächeln zu sehen.

Clickertrainierte Pferde kommen immer gerne zur Arbeit.

Vom trainingstechnischen Standpunkt handelt es sich beim Clicker um einen sekundären Verstärker (siehe Seite 15), der dem Pferd ankündigt, wann der primäre Verstärker, also die Belohnung, kommt. Das ermöglicht eine punktgenaue Kommunikation für die Arbeit und für das Ansprechen bestimmter Muskelgruppen bei den Bewegungsübungen.

Bei den herkömmlichen Trainingsmethoden werden die Pferde touchiert, am Halfter oder Zügel gezogen, im Kreis gejagt oder es werden andere Dinge mit ihnen angestellt, die alle mehr oder weniger unangenehm sind und aus lerntheoretischer Sicht einen negativen Beigeschmack hinterlassen, der die Freude an der Arbeit mindert.

Clickertraining macht einfach Spaß, weil es den Tieren das Gefühl gibt, selber Entscheidungen zu treffen und immer Herr der Lage zu sein, so dass damit sogar die ach so »sturen« Esel gerne mitarbeiten.

Clickertraining ist viel mehr als nur das Arbeiten mit einem Knackfrosch. Es ist die Grundlage für das Lernen des Lernens. Man erreicht damit Dimensionen in der Kommunikation mit dem Pferd, die man sich vorher kaum vorstellen kann. Nicht umsonst heißt Karen Pryors neues Buch »Reaching the animals mind« (siehe Seite 159).

Auch Kinder lieben diese Art des Trainings.

1 Grundlagen des Clickertrainings

Grundlagen des Clickertrainings

Beim Clickertraining oder lassen Sie uns besser sagen beim Training über positive Verstärkung geht es darum, dass wir erwünschtes Verhalten belohnen. Ein Lerngesetz besagt, dass Verhalten, das sich lohnt, wahrscheinlich wieder gezeigt wird. Nun lohnt es sich für das Pferd auch, wenn es einem Druck ausweicht und dieser dann nachlässt. So funktioniert das traditionelle Training. Dazu muss aber zunächst ein mehr oder weniger starker Druck aufgebaut werden, damit der dann nachgelassen werden kann. Das ist also immer erst einmal unangenehm.

Ein Verhalten kann sich auch dann lohnen, wenn etwas Angenehmes passiert. Das Pferd reckt seinen Hals durch den Zaun, um an ein besonders leckeres Kraut zu kommen. Da lohnt sich sogar etwas Anstrengung. Manche nehmen sogar starken Zug im Maul in Kauf, damit sie beim Ausritt den Kopf auf den Boden zum Fressen bekommen. Das können wir uns auch fürs Training zunutze machen, indem wir Verhalten, welches wir haben wollen, mit etwas belohnen, was das Pferd haben will. Damit erreichen wir ein starkes Interesse von Seiten des Pferdes mitzuarbeiten.

Lassen Sie das Pferd doch einfach für sein Futter arbeiten.

Ein wichtiger Aspekt ist, dass das Pferd auch aktiv mit überlegt, eben weil es ein Interesse an der Belohnung hat. Am einfachsten bietet sich Futter als Belohnung an. Das mögen Pferde gerne und sie werden ja sowieso täglich gefüttert. Warum also dem Pferde das Futter sozusagen kostenlos im Trog präsentieren, wenn man es dafür arbeiten lassen kann?

Sekundäre Verstärker

Um den Clicker im Training zu nutzen, muss er zuerst als sekundärer Verstärker konditioniert werden. Seltsamerweise hat dieses Wort oft einen negativen Beigeschmack. Es besagt aber nichts anderes als dass 2 Dinge miteinander verknüpft werden und das passiert beim Lernen immer, egal nach welcher Methode man arbeitet. Ohne Verknüpfung kein Lernen.
Um zu erreichen, dass das Pferd den Click mit Leckerchen verknüpft, muss man den Click einige Male unmittelbar vor der Leckerchengabe ertönen lassen. Dabei ist wichtig, dass wirklich nur der Click, nicht etwa irgendeine Bewegung des Menschen, die Leckerchen ankündigt.

Es gibt unzählige sekundäre Verstärker in unserem Zusammensein mit dem Pferd. Alles, was dem Pferd ankündigt, dass demnächst etwas Angenehmes passieren wird, ist ein sekundärer Verstärker, so z.B. das Klappern des Futtereimers, der Griff in die Tasche oder was auch immer. Die meisten Menschen sind sich dessen gar nicht bewusst und setzen sehr häufig sekundäre positive Verstärker ein. Da das aber unbewusst passiert, erreichen sie damit eher das Gegenteil von dem, was man eigentlich will. Ein Beispiel: Das

Pferd soll in den Hänger einsteigen. Es geht gut mit auf die Rampe, bleibt dann aber stehen. Jetzt folgt der Griff in die Tasche, um das Pferd zum Weitergehen zu motivieren. Das ist aber leider ein sekundärer Verstärker für das Stehenbleiben und man wird dadurch auf lange Sicht nicht erreichen, dass das Pferd schneller in den Hänger geht.

Überlegen Sie genau, welches Verhalten Sie belohnen, wenn das Pferd in den Hänger einsteigen soll.

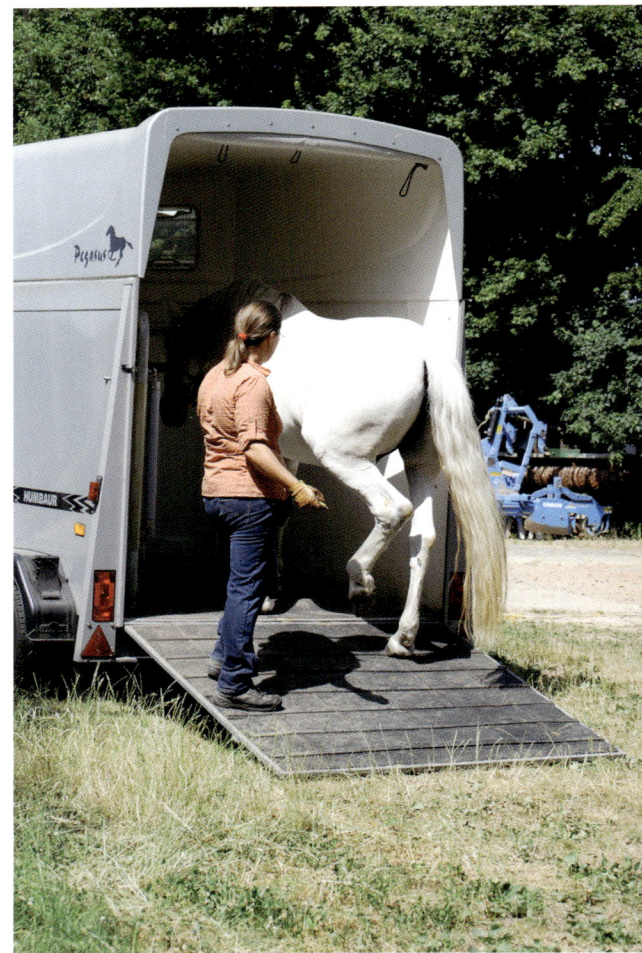

Lassen Sie uns daher ruhig mit einem künstlichen sekundären Verstärker – eben dem Clicker – arbeiten, um so die Prinzipien zu durchschauen und das Lernen und das Verhalten der Pferde besser zu verstehen.

Der Clicker hat überhaupt nichts Manipulatives an sich, wie fälschlicherweise oft angenommen wird. Es ist einfach ein Instrument zur klaren Kommunikation. Es ist immer erstaunlich, wie normal die Kommunikation über Meckern, Nörgeln und Kritisieren angesehen wird. Eine Kommunikation über Belohnung wird erst einmal kritisch beäugt. Lassen Sie sich mit uns auf das Experiment eines Perspektivenwechsels ein. Sie werden erstaunt sein, was das alles möglich macht.

Schreiben Sie sich die einzelnen Trainingsschritte und den Verlauf des Trainings ins Trainingstagebuch (Beispiel siehe Seite 158).

Allgemeine und wichtige Trainingsprinzipien

Das Lernen unterliegt bestimmten Gesetzen. Es ist mittlerweile so gut erforscht, dass wir uns diese Erkenntnisse sehr gut zunutze machen können. Im traditionellen Training ist das allerdings noch viel zu wenig der Fall.

Kleinste Trainingsschritte

Je kleiner die Trainingsschritte, desto schneller kann man im Training vorwärts gehen. Es ist also sinnvoll, dass man sich immer zuerst überlegt, was man trainieren will und dann wie man es trainieren will.

Wir können nur empfehlen, sich in Ruhe hinzusetzen und zum einen das Trainingsziel sehr genau zu notieren und dann die einzelnen Schritte dahin. Die Schritte, die Sie hier im Buch finden, können Ihnen schon ein Anhaltspunkt sein. In der Regel können die aber noch kleiner unterteilt werden.

Nehmen Sie sich also ein Stück Papier und schreiben Sie. Vielleicht tun Sie das auch nicht nur auf einem Stück Papier, sondern direkt in ein Trainingstagebuch (siehe Seite 158). Darin sollten Sie sich alle Trainingsschritte notieren und auch, wo Sie mit der einzelnen Aufgabe dran sind. In einer Trainingssession von 20 Minuten kann man locker an 10 verschiedenen Übungen arbeiten. Die können Sie sich in der Regel nicht alle behalten, es sei denn, Sie haben ein extrem gutes Gedächtnis. Schreiben Sie auf, was Sie erreicht haben und lesen Sie das vor dem nächsten Training durch. Dann können Sie Ihrem Pferd am besten einen Weg vorgeben.

Ampeltraining

Das Prinzip des Ampeltrainings ist ein guter Anhaltspunkt, wie schnell man im Training weiter gehen kann. Wie sieht das aus?

Sie wiederholen ein und denselben Trainingsschritt genau 5-mal und zählen mit, wie oft von den 5-mal das Pferd die Belohnungskriterien erfüllt. Beispiel: Das Belohnungskriterium soll sein, dass das Pferd eine Sekunde lang still steht, um Click und Leckerchen zu bekommen.

Das wird dann 5-mal geübt. Beim ersten Mal kann gezählt werden »Ein-und-zwan-zig«, dann gibt es den Click und das Leckerchen. Beim zweiten Mal fängt das Pferd nach »Ein-und« schon an rumzuzappeln, erreicht also das Belohnungskriterium nicht. Beim 3. Mal ist es noch nicht mal möglich, bis »Ein« zu zählen, das Belohnungskriterium wird also wieder nicht erreicht. Beim 4. Mal steht das Pferd still bis »Ein-und-zwan«, fängt aber dann an zu zappeln, erreicht also das Belohnungskriterium wieder nicht, und beim 5. Mal geht es endlich wieder bis »Ein-und-zwan-zig«, es gibt Click und Leckerchen.

Die Regeln des Ampeltrainings besagen folgendes:

Klappen 5 von 5 Versuchen, heißt das, die Ampel ist grün und es geht weiter zum nächsten Trainingsschritt, der in unserem Beispiel heißen könnte: Das Pferd steht zwei Sekunden still.

Klappen 3 oder 4 von 5 Versuchen, heißt das, die Ampel ist gelb. Achtung, was könnte hier falsch laufen? Auf jeden Fall muss dieser Schritt noch länger trainiert werden.

Die Belohnungskriterien (hier: wie lange das Pferd still stehen soll) müssen dem Können des Pferdes angepasst werden.

Das Pferd bleibt ruhig beim Tierarzt, wenn ruhiges Stehen verstärkt wird.

Klappen nur 1 oder 2 von 5 Versuchen, ist die Ampel auf Rot. Das heißt »Stopp!« So geht es nicht weiter. Gehen Sie noch mal einen Trainingsschritt zurück, in unserem oberen Beispiel könnte das sein: Das Pferd steht eine halbe Sekunde lang still.

Sehen wir uns jetzt das obige Beispiel mal genauer an, erkennen wir, dass da nur 2 von 5 Versuchen erfolgreich waren. Das heißt, dass dieser Trainingsschritt für das aktuelle Ausbildungsstadium oder die Ablenkung z.B. zu schwer war, also -> einen Trainingsschritt zurück. Die Ampel ist auf Rot.

Es ist sehr wichtig, dass man im Training so vorgeht, dass das Tier möglichst oft Erfolg haben kann. Bestenfalls sollte die Ampel also immer grün sein. Hin und wieder kann die Ampel auch gelb sein, aber im Gedanken sollte diese gelbe Ampel wie ein Blinklicht sein, das Sie darauf hinweist: Es könnte sein, dass ich etwas viel verlange oder dem Pferd noch nicht wirklich klar gemacht habe, was ich von ihm möchte.

Bei jedem kann auch mal eine rote Ampel vorkommen. Das sollte aber wirklich sehr sehr selten sein. Dann ist das Pferd nämlich überfordert, ein Lernfortschritt wird kaum zu erzielen sein und das Training macht keinen richtigen Spaß.

You get what you click, not what you want

Das ist ein gemeiner Satz, aber leider wahr. Das heißt, alles was Ihr Pferd im Zusammensein mit Ihnen zeigt, hat sich schon mal irgendwie gelohnt. Oft belohnen wir ganz unbewusst. Lassen Sie uns mal gemeinsam ein Pferd bei der Behandlung durch den Tierarzt ansehen. Zunächst passiert vielleicht etwas Unangenehmes und das Pferd versucht dem auszuweichen. Ganz schnell kommen dann »beruhigende« Worte und vielleicht auch ein Leckerchen, damit das Pferd besser stehen bleiben soll. So denkt zumindest der Mensch. Was passiert aber in Wirklichkeit? Lassen Sie uns mal die Lupe daraufhalten: Das Pferd weicht vor etwas Unangenehmen aus. Lässt dieses Unangenehme daraufhin nach, wird das Ausweichen schon belohnt. Die »beruhigende« Stimme ist nichts anderes als nette Worte vom Menschen, die das Verhalten, zu dem sie gegeben werden, mit ziemlicher Sicherheit verstärken. Das Leckerchen verstärkt dieses Verhalten des Ausweichens zusätzlich. Beim nächsten Tierarztbesuch wird das Pferd dann scheinbar immer nervöser, dabei macht es nur, was sich lohnt und was sein Mensch ihm beigebracht hat.

Bei jedem Verhalten, das Ihr Pferd zeigt, vor allem bei solchem, das Sie nicht haben wollen, sollen Sie sich also überlegen, wo die Verstärker für dieses Verhalten sind und diese dann möglichst abstellen. Verhält sich Ihr Pferd in einer Weise, die Sie gar nicht haben wollen, und zeigt es dieses Verhalten trotzdem immer wieder? Dann können wir Ihnen garantieren, dass Sie unbewusst das unerwünschte Verhalten des Pferdes belohnen, denn sonst würde es dieses Verhalten schlichtweg nicht zeigen.

Je eher Sie also oben genannten Satz »Man bekommt immer das, was man belohnt« beherzigen, desto eher werden Sie immense Erfolge im Training haben.

Lernkurve

Es wird oft noch als normal angesehen, dass Lernkurven immer mal wieder ein Plateau haben. Das bedeutet, dass das Pferd etwas ganz gut versteht, aber dann scheinbar nicht mehr weiterkommt oder sogar Rückschritte macht.
Das ist aber ganz und gar nicht normal, sondern eigentlich immer ein Zeichen von zu großen Trainingsschritten. In diesem Fall hat das Pferd keine Chance zu verstehen, was Sie von ihm wollen und es kommt zum Lern-Stillstand.

Ein guter Hinweis für Sie, ob die Größe Ihrer Trainingsschritte stimmt, ist also, ob das Pferd in jeder Trainingssession etwas dazulernt. Am Ende eines Trainings sollte immer die Frage stehen: Bin ich weiter gekommen? Wenn nein, stimmt etwas nicht und Sie sollten Ihr Training überdenken.

Ein weiterer wichtiger Satz, den wir Autoren spätestens im Training mit Hühnern, die durch ihre Geschwindigkeit die besten Lehrer in Sachen Clickertraining sind, gelernt haben: **Willst du das Verhalten deines Tieres verändern, musst du dein eigenes Verhalten verändern!**
Es hilft also nie, dem Pferd die Schuld – für was auch immer – zuzuschieben. Immer muss man sich selber hinterfragen und überlegen, wie man sein eigenes Verhalten verändern könnte, wenn etwas nicht wie erwünscht läuft.

Timing

Für ein gutes Training ist ein gutes Timing von elementarer Bedeutung. Das werden Sie schon beim Konditionieren merken (siehe Seite 23). Es ist gar nicht so einfach erst zu clicken, wenn das Pferd den Kopf wegbewegt und dann zu füttern, bevor es zurückkommt.

Vom Menschen erwünschtes Verhalten muss sich für das Pferd lohnen.

Gutes Timing können Sie üben. So gibt es viele schöne Clickerspiele, die man mit einem Trainingspartner machen kann, um sich darin zu schulen. Außerdem gibt es im Internet Timingspiele. Man kann sich darin gar nicht genug schulen. Je besser das Timing, desto »schlauer« ist das Tier. Es ist natürlich nicht wirklich schlauer, aber es scheint so, weil es viel schneller versteht, was Sie von ihm wollen. Timing ist von daher ein Handwerk, das man ständig üben muss. Man kann es nicht durch Lesen von Büchern lernen, sondern nur durch die Praxis (wobei Bücher einem aber durchaus wichtige Hintergrundinformationen geben können).

Belohnung in der Praxis

Futter ist ein sehr wirkungsvoller Verstärker. Um den größtmöglichen Nutzen damit zu erzielen, brauchen Sie verschiedene Hilfsmittel. Wir wollen Ihnen im Folgenden einige nützliche Tipps geben, die Ihnen dabei helfen können, sich in der Praxis voll und ganz auf das Training zu konzentrieren.

Der Clicker

Es gibt auf dem Markt unterschiedliche Varianten. Die allererste Zeit ist es hilfreich für Ihr Pferd, wenn Sie mit ein und demselben arbeiten. Später können Sie dann getrost wechseln. Ein so genannter Knopf- oder Buttonclicker lässt sich mit Handschuhen oder kältestarren Fingern besser bedienen. Darüber hinaus kann man ihn mit Händen, die Zügel, Strick, Reifen oder anderes halten müssen, einfacher zum Clicken bringen. Bei dem gängigsten Kästchenclicker kann nur der Daumen auslösen. Er ist gerade bei Arbeit auf Distanz gefragt, weil er in der Regel etwas lauter ist. Letztendlich ist es Geschmackssache, womit Sie lieber arbeiten. Vielleicht bevorzugen Sie auch einen Zungenclick, um die Hände frei zu halten. Das sollten Sie aber zunächst einige Male üben, damit er schnell, möglichst gleich und einigermaßen laut klingt.

Wie bleibt der Clicker nun am Menschen, ohne dass Sie in diversen Taschen wühlen müssen, wenn Sie z.B. die Stangen umgeräumt haben? Hier gibt es im Clickerzubehörhandel zwei gute Helferlein. Das eine ist ein Spiralarmband, wodurch man sofort mit einer leichten Drehung des Handgelenks den Clicker wieder in der Hand hält. Die andere Möglichkeit ist ein Zipper, den man sich am Gürtel oder woanders am Körper befestigt. Ein Griff, und der Clicker ist wieder da. Auch hier werden Sie in der Praxis schnell feststellen, welches Werkzeug Ihnen für welche Zwecke die besten Dienste leistet.

Die Futtertasche

Sie brauchen ein Behältnis für die Leckerchen, mit dem das Futter am Mensch getragen wird. Dieses sollte natürlich keine Hand beanspruchen, denn davon hat man manchmal sowieso schon eine zuwenig. Zudem müssen Sie leicht an das Futter kommen, im Zweifelsfall aber Ihrem Pferd, sollte es aus Versehen einmal seine Höflichkeit vergessen, den Zugriff ebenso leicht verweigern

Seien Sie ruhig kreativ mit den Leckerchen, damit das Pferd immer wieder gerne mitarbeitet.

können. Jackentaschen haben entscheidende Nachteile: Vergessen Sie nach dem Training ein paar Apfelstücke, gemischt mit Müsli, dann ist der Beginn der nächsten Trainingssession für Sie eher unangenehm und die ganze Jacke muss in die Wäsche. Seitliche Jackentaschen verlieren zu schnell Ihre Fracht und sind meist zu klein. Bewährt hat sich eine verschließ- und waschbare Gürteltasche mit zwei verschiedenen Fächern: Eines für die »normale« Belohnung, das andere Fach für die besonders köstlichen Kekse für besonders gute Leistung. Das Volumen der Tasche sollte auf jeden Fall groß genug gewählt werden.

Ein Eimerchen kann auch gute Dienste leisten, das man sich in die Ellbogenbeuge hängen kann. Ist das klein genug, ist mit dem Ellbogen auch

Futter: Testen Sie, was Ihr Pferd besonders gern mag.

wieder auf die Aufgabe konzentrieren kann, verschenken Sie wertvolle Zeit. Das Leckerchen sagt: Gut so! und soll keinen Roman erzählen. Das entspricht in etwa einer Möhrenscheibe von einem halben Zentimeter Breite. Den Roman oder zumindest eine Kurzgeschichte bekommt es für das Bewältigen schwieriger Trainingsschritte. Am einfachsten, Sie testen mit Ihrem Pferd durch, was es mag. Das Kraftfutter, welches auch ohne Leistung vorher sowieso täglich im Futtereimer präsentiert wird, hat naturgemäß nicht so eine starke Motivationskraft wie andere Leckerchen. Bei manchen Pferden hängt es auch von der Jahreszeit ab, was favorisiert wird. Im Winter wird lieber Saftiges wie z.B. Möhre, Apfel oder Banane (für uns Menschen nicht wirklich spaßig in der Handhabung) genommen. Im Frühjahr bewirkt das erste frische Gras, welches man am Wegesrand einsammelt, wahre Begeisterungsschübe. Und während der Weidesaison bewegen sich manche Kandidaten nur für Kohlehydratreiches, wie z.B. Getreide, Brot, Kraftfutter. Probieren Sie sich durch das reichhaltige Leckerliangebot Ihres Futtermittelhändlers und reservieren Sie auf jeden Fall eine Spezialsorte für besondere Belohnungen.

schnell der Eimer verschlossen, wenn das Pferd außer der Reihe mal ans Futter möchte.
Der Fantasie sind bei der Aufbewahrung des Futters keine Grenzen gesetzt. Nutzen Sie, was Ihnen gefällt und was Ihnen praktisch erscheint. Wichtig fürs Training ist nur, dass Sie das Futter schnell erreichen können.

Das Futter

Welche Leckerchen Sie im Training verwenden, hängt ganz von dem Geschmack Ihres Pferdes ab. Wichtig ist zum Einen die Größe. Wenn Ihr Pferd eine halbe Minute lang kaut, bevor es sich

Eine sehr schöne Möglichkeit ist auch, wenn Sie das Pferd für sein Kraftfutter arbeiten lassen. Es steht schließlich nirgendwo geschrieben, dass das Pferd sein Futter immer aus dem Trog fressen muss, was ernährungsphysiologisch sowieso bedenklich ist, wenn zu große Mengen auf einmal gefüttert werden. Dann geben Sie im Training einen Teil des Futters als Belohnung und das, was noch übrig ist, geben Sie zum Abschluss noch in den Trog. Solche Futterzeiten wird Ihr Pferd lieben.

Erste Übungen mit dem Clicker

Das, was man als Erstes lernt, behält man auch am besten. Für unsere Sicherheit und für ein entspanntes Arbeiten mit dem Pferd wollen wir erst an der Höflichkeit und dem Stillstehen arbeiten. Damit haben wir für das weitere Training eine gute Grundlage geschaffen. Gerade die Höflichkeit sollte bei jedem gemeinsamen Training immer wieder beachtet und bei Bedarf auch hin und wieder aufgefrischt werden.

Höflichkeit

Mit Leckerchen arbeiten heißt nicht, dass wir Pferde heranziehen wollen, die ihren Menschen in die Taschen kriechen, um ans Futter zu kommen. Ganz im Gegenteil: Gerade die Arbeit mit Leckerchen im Training setzt voraus, dass die Pferde absolut höflich sind. Sie dürfen unter keinen Umständen aufdringlich werden oder dergleichen, weil sie dafür einfach zu groß und letztendlich zu gefährlich sind.

Die Grundlagen dafür werden schon beim Konditionieren gelegt. Beginnen Sie mit dem Pferd in der Box und stehen Sie mit den Leckerchen in der Hand davor, gerade außer Reichweite des Pferdes. Stehen Sie ruhig und bewegungslos. In dem Moment, in dem das Pferd den Kopf von Ihnen abwendet, clicken Sie und strecken augenblicklich die Hand so aus, dass der Pferdekopf auch beim Füttern abgewendet bleibt. Wichtig ist die Reihenfolge: Erst der Click, dann die Armbewegung. Außerdem ist wichtig, dass Sie das Pferd auch wirklich von sich weg füttern. Versuchen Sie es und Sie werden sehen, wie schnell das Pferd den Kopf wegstreckt, damit es Sie dazu bekommt

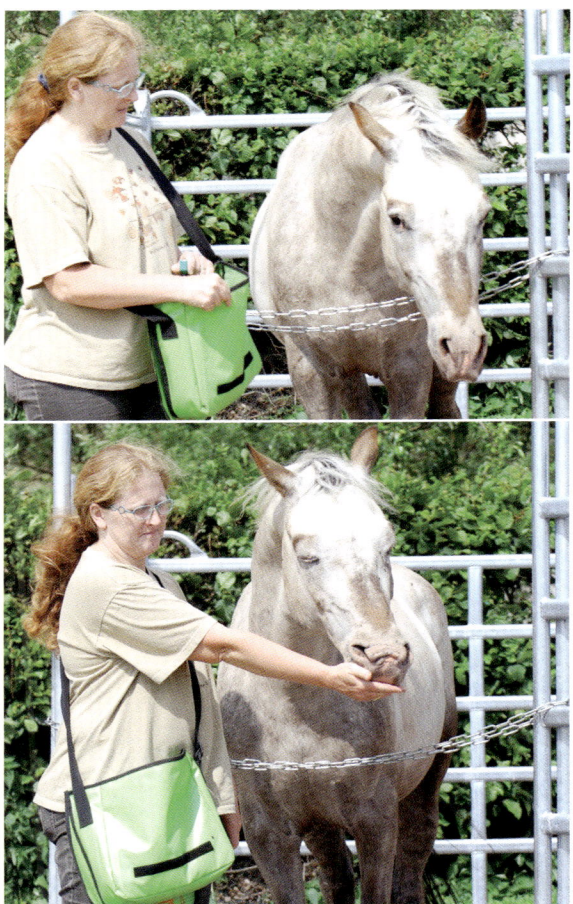

Das Pferd bekommt Click und Futter, wenn es den Kopf abwendet.

Jedem Click folgt immer ein Leckerchen!

zu clicken und Futter zu geben. Das ist die erste Übung mit dem Clicker. Damit konditionieren Sie auch gleichzeitig das Pferd auf den Clicker. Das geht in der Regel sehr schnell. Nach 10 Clicks sollten Sie schon sehen, wie Ihr Pferd gelernt hat – vorausgesetzt, Sie haben etwas, was es auch haben will und Ihr Timing stimmt. Das heißt: Ihr Click kommt genau in dem Moment, wenn sich der Pferdekopf von Ihnen abwendet.

Hat das Pferd also eine Idee vom Abwenden, dann nähern Sie sich der Box mehrmals und clicken dann sofort, wenn es den Kopf wegnimmt. Jetzt können Sie sich auch schon in Reichweite des Pferdes hinstellen. Sollte es versuchen, anders an Futter zu kommen, treten Sie einfach wieder einen Schritt zurück.

Hält das Pferd zuverlässig Abstand, üben Sie das auch von der anderen Seite. Sie sollten sich von beiden Seiten dem Pferd nähern können, wobei es Höflichkeitsabstand hält.

Dann können Sie auch zum Pferd in die Box gehen. Auch hier gilt die Regel, dass Sie nur clicken, wenn es den Kopf abwendet und dass Sie es mit ausgestrecktem Arm auf Abstand füttern. Damit haben Sie die Grundlagen erarbeitet für ein schönes gemeinsames Training. Lassen Sie sich überraschen, wie schnell das geht! Sie können auch leicht so spektakuläre Dinge trainieren, dass Sie dem Pferd eine Möhre hinhalten und es lieber den Kopf abwendet, als danach zu grabschen. Mit einem durchschnittlichen Pferd ist das eine Arbeit von ungefähr einer viertel Stunde. Mit einem sehr verfressenen und bisher respektlosen Pferd dauert das vielleicht insgesamt eine dreiviertel Stunde, wobei natürlich nicht am Stück trainiert wird, sondern immer in Abschnitten von 5 bis 10 Minuten. Aber man kann mit jedem Pferd mit Futter arbeiten und jedes Pferd kann in relativ kurzer Zeit lernen, höflich zu sein.

Als nächstes erarbeiten Sie sich aus dem Höflichsein das Führen. Während das Pferd also höflich den Kopf weg hält, gehen Sie einen Schritt nach

> ## Die Regeln beim Füttern
> **Clicken Sie nur, wenn das Pferd den Kopf abwendet.**
>
> **Füttern Sie mit ausgestrecktem Arm auf Abstand.**

vorne. Clicken Sie für jede Intention des Pferdes nach vorne.

Nach einigen Wiederholungen wird Ihr Pferd sofort mitgehen, wenn Sie vorwärts gehen. Achten Sie hierbei darauf, dass der Kopf dennoch weg bleibt. Das Pferd muss sozusagen höflich sein, während es einen Schritt macht. Die Anzahl der Schritte steigern Sie nach und nach. Zum Schluss können Sie für das Losgehen noch ein Wortsignal einführen, indem Sie immer kurz bevor Sie den ersten Schritt machen »Sche-ritt«, »Allez«, »Walk« oder was auch immer sagen. Mit der Zeit sollte das Wort alleine reichen, damit Ihr Pferd losgeht – ohne dass Sie mit Körpersprache helfen müssen.

Ist das Pferd auch im Gehen höflich, können Sie die Anforderungen noch steigern, indem Sie sich dem Pferd im Gehen immer weiter nähern. Es sollte sich dann – um den Höflichkeitsabstand zu wahren – wieder von Ihnen entfernen, so dass Sie beide letztendlich in einem Kreis gehen, wobei das Pferd innen ist. Machen Sie den Kreis anfangs recht groß, damit es nicht zu schwer für das Pferd wird. Es muss ja auch körperlich in der Lage sein, enge Wendungen auszuführen; das kann man nicht immer voraussetzen.

Nach gründlichem Höflichkeitstraining sollte das Pferd Ihnen sofort Platz machen, wenn Sie dahin gehen wollen, wo das Pferd gerade steht. Das

Höflichkeit beim Führen.

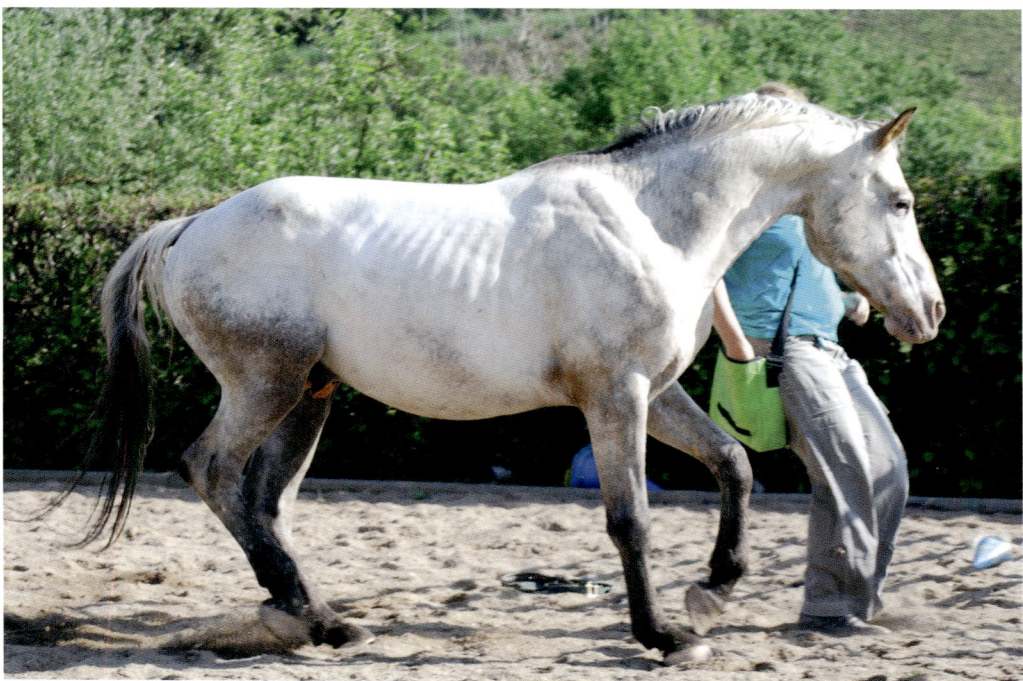

Das höfliche Pferd wahrt immer seinen Abstand zum Menschen, auch wenn der abrupt stehen bleibt.

haben Sie dann über schrittweisen Trainings-aufbau und nur über Belohnung erreicht, ohne das Pferd dazu ein einziges Mal »bedrohen« zu müssen.

Stillstehen

Damit wären wir schon bei unserer dritten Grundlagenübung, nämlich dem Stillstehen. Auch das ist für ein entspanntes Training eine wichtige Voraussetzung; deshalb kommt es so früh im Unterricht.

Beginnen Sie wieder damit, dass Sie das Pferd einige Male für das Höflichsein clicken. Dabei wird es zumindest während des Fressens schon still stehen. Das wird dann Ihr nächstes Beloh-nungskriterium (siehe Seite 17). Sie clicken also, wenn alle vier Beine fest auf dem Boden stehen und das Pferd den Kopf weg hält.

Nähern Sie sich dann mit der Hand dem Pferd und clicken Sie wieder für das Stillstehen. Sollte das Pferd sich bewegen, waren Sie zu spät mit dem Click. Das ist nicht schlimm, sondern eine wichtige Information, dass Sie Ihr Verhalten ändern müssen. Beim nächsten Mal clicken Sie also, **bevor** sich das Pferd bewegt! Genau ge-sagt, sollte das Pferd noch nicht einmal an eine Bewegung denken, sondern schön ruhig stehen. Das ist wieder ein gutes Beispiel dafür, wie zuerst der Mensch sein Verhalten ändern muss (hier:

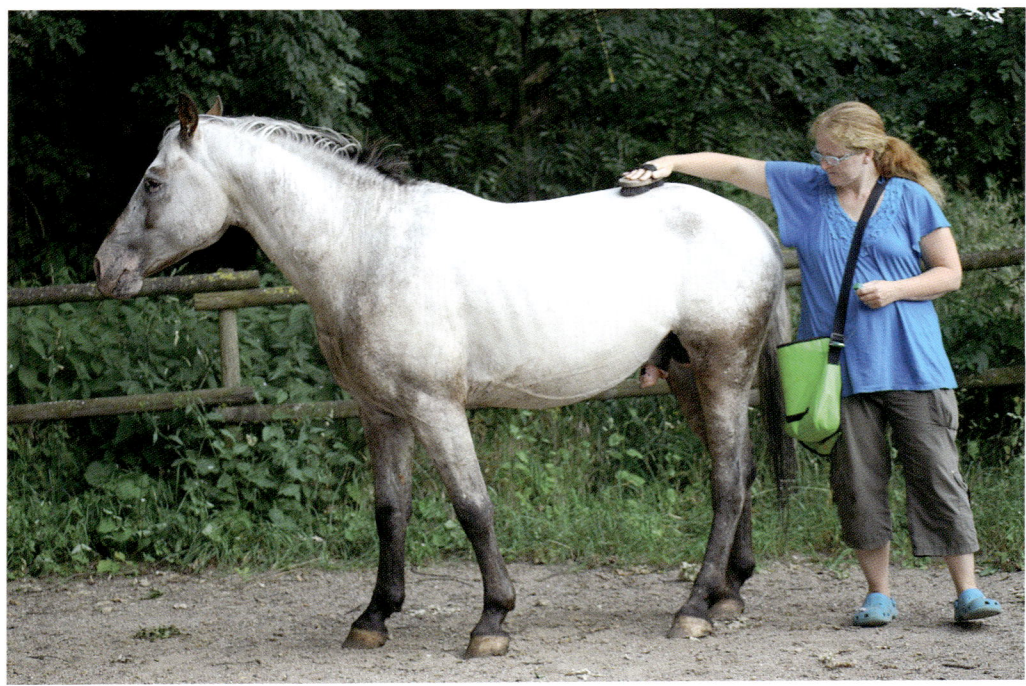

Stillstehen beim Putzen, auch wenn das Pferd nicht angebunden ist.

früher clicken), damit in der Folge das Pferd sein Verhalten ändert (hier: länger stehen bleibt).

So nähern Sie sich dem Pferd immer mehr, berühren es allmählich am ganzen Körper, gehen um es herum, immer mit der Aufgabe: clicken, solange das Pferd schön still steht. Wenn Sie wahrnehmen, dass es sich gleich bewegen wird, sind Sie mit dem Click zu spät. Das würden Sie auch daran merken, dass Sie im Training nicht so recht weiterkommen. Clicken Sie besser nicht, wenn das Timing nicht stimmt, sondern fangen die Übung noch mal von vorne an. Sind Ihre Clicks gut getimt, werden Sie im Training zügig vorankommen und das Pferd bleibt still stehen.

Sie können diese Übung ausbauen, indem Sie dem Pferd beibringen, immer auf einer Gummimatte oder einer großen Fußmatte zu stehen. So haben Sie später über diese Matte ein Signal, damit das Pferd sofort weiß, was von ihm erwartet wird.

Kommen auf Signal

Eigentlich nur zum Testen der Technik posteten wir kürzlich eine Videosequenz im Internet: Ein Pferd kommt im Galopp angelaufen, als es gerufen wird – von einer riesigen Koppel. Das, was für uns das Normalste der Welt ist, war für viele wie ein kleines Wunder, wie aus den Feedbacks auf das Video deutlich wurde. So fand auch diese

Übung noch ins Buch, die wir sonst vergessen hätten, weil es uns so selbstverständlich erscheint.

Dazu erst einmal einige Gedanken vorneweg. Ein Verhalten muss sich lohnen, damit es wieder gezeigt wird. Es muss sich für das Pferd also lohnen, dass es kommt. Andersherum gilt: Kommt das Pferd nicht, dann lohnt es sich eben nicht. Da muss man sich selber kritisch hinterfragen. Warum lohnt es sich für das Pferd nicht, dass es von der Weide zu mir kommt? Gras ist lecker. Kommen bedeutet Arbeit. Es muss seine Kumpels auf der Weide verlassen. Wir haben also mehrere Komponenten, die das Verhalten beeinflussen. Welche davon können Sie steuern? Sie können dafür sorgen, dass das Pferd bei Ihnen etwas bekommt, was noch besser als Gras ist. Und Sie können dafür sorgen, dass das Training nicht als Arbeit, sondern als Spaß gesehen wird. Mit diesen Voraussetzungen wird es schnell selbstverständlich, dass das Pferd gerne ankommt, wenn es gerufen wird.

Zunächst gilt es also, das Pferd erst einmal einige positive Erfahrungen mit spaßigen Trainingseinheiten machen zu lassen. Sollten Sie das parallel zu Ihrem gewohnten Umgang mit dem Pferd machen wollen, empfiehlt es sich, mit einem ganz bestimmten Ritual zum Pferd zu gehen, wenn eine Clickersession ansteht. Sie tragen z.B. Halbschuhe anstelle von Reitstiefeln, vielleicht

Stillstehen auf »unsicherem Grund« – eine fortgeschrittene Übung.

eine andere Jacke, Sie haben die Leckerchentasche umhängen und ein andersfarbiges Halfter als zur normalen Arbeit dabei. Sie werden merken, dass das Pferd diesen Unterschied schnell erkennt: Wenn Sie in Ihrem »Clickeroutfit« erscheinen, wird das Pferd sehr bald gerne kommen. Oft gibt es dann das Argument: »Klar kommt es dann, aber es soll ja auch kommen, wenn es keine Leckerchen gibt«. Dieses Konzept ist aber in der Natur nicht vorgesehen. Etwas, was sich nicht lohnt, wird nicht gemacht. Stellen Sie sich vor, Ihr Chef würde verlangen, dass Sie ohne Lohn arbeiten kommen! Vom Pferd wird oft genug genau das verlangt.

Kommt das Pferd also schon erwartungsvoll auf Sie zu, wenn Sie sich der Koppel nähern, dann erst wird es Zeit, das Signal – z.B. einen speziellen Ruf oder Pfiff – einzuführen. Es ist wichtig zu verstehen, dass das Pferd anfangs nicht gerufen wird, damit es kommt. Es kommt vielmehr sowieso und bekommt jetzt die Gelegenheit, das entsprechende Signal mit diesem Verhalten zu verknüpfen bzw. zu lernen, wie dieses Verhalten heißt. Hat es das gelernt, dann kann man es später rufen, damit es kommt. Aber erst dann. Und damit das Pferd das Signal lernen kann, ist es wichtig, dass es immer nur gerufen wird, wenn auch sicher ist, dass es kommt. Das ist manchmal schwierig zu verstehen. Man muss sich jedoch klar machen, dass das Pferd etwas Falsches lernt, wenn es gerufen wird und nicht kommt: Es lernt, dass es eben nicht auf Zuruf zu kommen braucht – und der Mensch sein Kommen nicht erzwingen kann. Das Pferd versteht nicht die Bedeutung der Worte, sondern assoziiert das Wort oder sonst ein Signal mit dem Verhalten, das es in dem Moment zeigt. Daher ist wichtig, dass das Pferd mindestens die ersten hundert Male nur gerufen wird, wenn es sowieso kommt. Um wirklich sicher zu gehen, können Sie z.B. zuerst den Namen des Pferdes rufen. In dem Moment, in dem es aufmerksam ist und kommt, geben Sie dann das Signal für »Kommen«, z.B. einen Pfiff. Erst, wenn Sie diesen Pfiff dann viele Male angewandt haben, wenn das Pferd sowieso zu Ihnen kommt, können Sie ihn wirklich als Rückrufsignal gebrauchen – und das Pferd wird auch dann reagieren, wenn es z.B. aus der Weide ausgebrochen ist und weggaloppiert. Eigentlich erfordert das gar nicht viel Training, sondern läuft sozusagen nebenbei im Pferdealltag. Sie müssen nur auf die richtigen Momente achten, in denen Sie das Rückrufsignal anbringen können.

Primus kommt freudig, wenn er gerufen wird.

2 Entspannendes

Entspannendes

Für das Fluchttier Pferd ist eine Entspannungsübung vor der Arbeit sehr hilfreich. Unter Stress kann man nicht lernen. Für das Lernen ist eine entspannte Grundeinstellung notwendig. Ein entspanntes Pferd birgt längst kein so hohes »Explosionspotenzial« wie ein ängstliches und/oder aufgeregtes. Es verletzt weder sich noch uns in einem panischen Anfall. Also dient es auch unserer Sicherheit, wenn wir erreichen, dass die Pferde entspannt, aber durchaus konzentriert mit uns arbeiten. Hier zeigen wir Ihnen, wie man das auf vielfältige Art und Weise erreichen kann.

Bei einem entspannten Pferd wird der Kopf eher locker nach unten gehalten. Wenn wir es also erreichen, dass das Pferd seinen Kopf nach unten nimmt, erreichen wir damit auch eine Entspannung beim Pferd. Damit wird die Bereitschaft zur Flucht reduziert. Ein Abscannen der Umgebung nach potentiellen Gefahren ist nicht mehr möglich und das Pferd schenkt uns einen großen Teil Vertrauen, weil es uns die Verantwortung überlässt.

🟡 Kopf runter

Schritt 1: Halftern Sie Ihr Pferd auf und stellen Sie sich vor die Boxentür – wenn es schon ausreichend höflich ist, auch direkt vors Pferd. Greifen Sie mit den Händen jeweils seitlich ans Halfter. Stellen Sie sich vor, wie das Pferd Ihren Händen nach unten folgt. Mehr soll es wirklich nicht sein. Sie sollten nicht zupfen oder ziehen oder sonst was. Nehmen Sie sich einen menschlichen Trainingspartner. Stellen Sie sich voreinander und legen Sie die Handflächen aneinander. Nun führen Sie Ihre Hand nach oben. Beobachten Sie, ob die Hand Ihres Partners Ihnen folgt. Wenn ja, ist das genau das Gefühl, das Sie bei Ihrem Pferd auch haben wollen. Wenn nein, passiert gar nichts. Arbeiten Sie genauso mit dem Pferd: Folgt es Ihren Händen nicht, lassen Sie einfach los. Folgt es auch nur ansatzweise, bekommt es einen Click und seine Belohnung.

Schritt 2: Sie haben das Pferd so weit gebracht, dass es ansatzweise Ihren Händen nach unten gefolgt ist. Jetzt vergrößern Sie die Strecke, die Sie den Kopf hinunterführen.

Schritt 3: Nun wird die Zeitspanne bis zum Click mehr und mehr hinausgezögert. Am Anfang clicken Sie also sofort, dann nach einer halben Sekunde, nach 1 Sekunde, nach 2 Sekunden usw. Sie sollten immer clicken, bevor das Pferd nicht mehr mitmacht. Denn dann waren Ihre Anforderungen zu hoch.

Sie werden merken, wie Ihr Pferd sich im Verlauf des Trainings immer mehr entspannt. Und Sie werden bei dieser Übung das Loslassen lernen, so dass Sie nicht mehr versuchen, das Pferd mit Zwang zu bewegen. Sie sollen nämlich das Pferd nicht nach unten zwingen, sondern es darf und wird Ihren Händen folgen. Lassen Sie dem Pferd die volle Verantwortung und Entscheidungsfreiheit. Sie werden staunen, wie viel mehr Sie damit – im Gegensatz zu Zwangsmitteln – erreichen.

Je tiefer der Kopf, desto entspannter das Pferd.

Folgt das Pferd den Händen nicht, lassen Sie einfach los.

Woran erkennen Sie, dass Ihr Pferd entspannt ist?

Beobachten Sie das Gesicht: Das Auge wird kleiner und ruhiger, das Maul wird lose und fängt bei manchen Pferden regelrecht zu schlabbern an. Auf dem Weg zur Entspannung »arbeitet es« erkennbar um Maul und Nase herum. Das Pferd lässt den Kopf locker hängen und steht mit allen vier Hufen ruhig auf der Erde. Bei Hengsten und Wallachen kann man eventuell beobachten, dass sie den Schlauch hängen lassen.

● Variante 2 – Hand auf die Stirn

Da viele Wege nach Rom führen, können Sie ebenso eine Hand auf die Stirn und die andere auf das Genick des Pferdes legen. Auch dieses geschieht völlig drucklos. Sie atmen ruhig und warten einfach, bis Ihr Pferd den Kopf absenkt, wobei Ihre Hände die Position beibehalten. Ihre Hände sinken also mit dem Pferdekopf herunter (Fotos Seite 30 und 34).

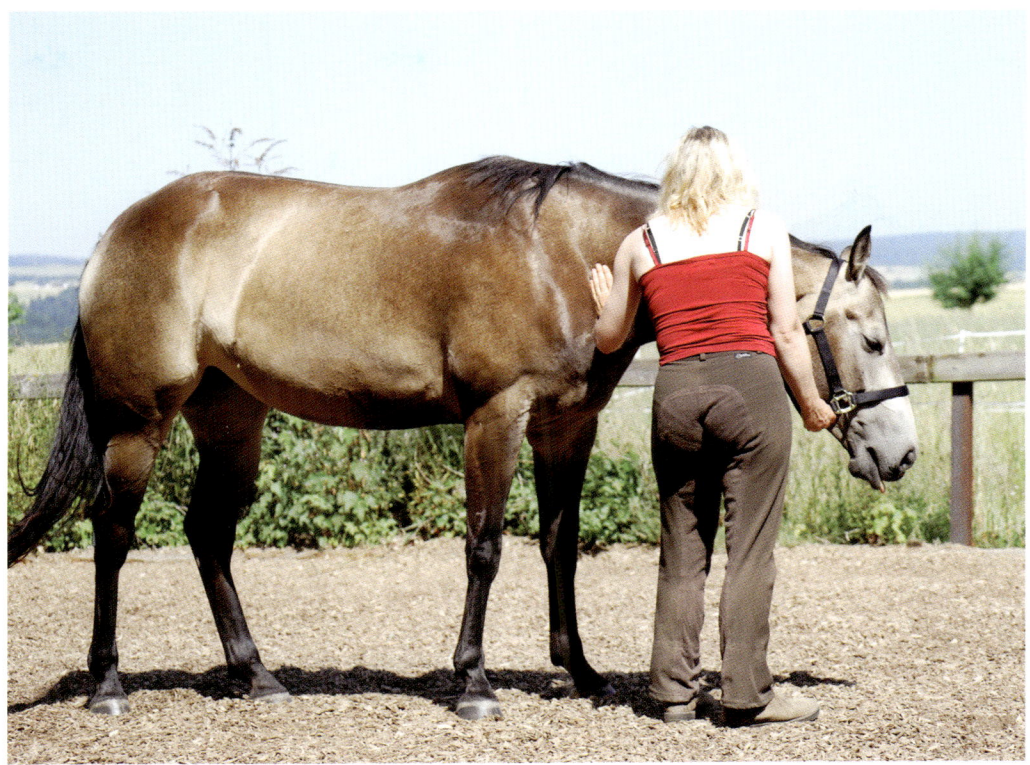

Die Widerristhand rutscht schräg nach vorne-unten am Hals-Schulter-Übergang entlang. Dort drücken Sie mit der Handkante in Richtung des diagonalen Hinterbeins.

Variante 3 – Hand vor Schulter

Vielen Pferden ist der Handkontakt am Kopf zu persönlich und damit unangenehm. Für diese Kandidaten stellt man sich neben den Pferdehals, wobei eine Hand das Halfter greift und die andere etwas vorm Widerrist liegt. Die Widerristhand rutscht schräg nach vorne-unten am Hals-Schulter-Übergang entlang. Dort drücken Sie mit der Handkante in Richtung des diagonalen Hinter-

beins. Die 2. Hand ruht am Halfter. Während Sie ruhig atmen und einen leichten Druck an der Handkante beibehalten, wird Ihr Pferd den Kopf absenken. Dies kann einen Moment dauern, währenddessen können Sie wunderbar im Gesicht Ihres Pferdes lesen und die Veränderungen beobachten.

Die beiden letzten Übungen können Sie, müssen Sie aber nicht mit dem Clicker unterstützen. Probieren Sie aus, welches für Sie und Ihr Pferd die optimale

Entspannung mit der Hand auf der Stirn des Pferdes.

Variante ist. Sie können auch alle Übungen parallel zueinander machen. Sie ergänzen sich dann gut.

Wie lange soll das Pferd den Kopf unten halten?

Wichtig ist, dass Sie vom Pferd immer nur so viel verlangen, wie es leisten kann. Das können Sie allerdings durchaus steigern. Die Entspannung ist nachhaltiger, wenn die Übung über ein paar Sekunden hinausgeht. Sie werden mit der Zeit einschätzen lernen, wie lange Ihr Pferd braucht, um sich zu entspannen. Ablenkende Umgebungsfaktoren spielen dabei natürlich immer eine Rolle. Mehr als zwei Minuten sind selten nötig und sinnvoll. Sie können allerdings während einer Trainingseinheit immer wieder eine kurze Entspannung abfragen.

Ein weiterer wichtiger Aspekt in Hinblick auf die Fitnessübungen ist, dass mit einem entspannten Gemütszustand auch eine entspannte Muskulatur einhergeht. So ist es nicht immer und bei jedem Pferd nötig, es 20 Minuten lang warm zu traben, um mit der eigentlichen Arbeit anzufangen. 1–2 Minuten sinnvolle Entspannungsübungen bewirken dagegen enorm viel.

Nicht zuletzt haben wir mit den Entspannungsübungen ein Werkzeug an der Hand, um in brenzligen Situationen dem Pferd wieder zur Ruhe zu verhelfen, was das Zusammensein viel sicherer macht.

Massage

Für das Massieren ist Clickertraining nicht unbedingt nötig. Durch das Clickertraining haben Sie jedoch schon nachhaltig die Beziehung zu Ihrem Pferd verbessert. Massage ist nun eine zusätzliche (und wunderbare) Möglichkeit, sein Pferd und dessen Körper besser kennen zu lernen. Gerade Pferde als soziale Wesen sprechen sehr gut auf die therapeutische Berührung an. Sie steigert das Wohlbefinden und somit die Losgelassenheit des Pferdes. Auch als »Laie« können Sie für Entspannung bei Ihrem Pferd sorgen und Ihre Beziehung zueinander dadurch vertiefen. Zudem gehört zum Thema Fitness die Massage einfach dazu – vergleichen Sie Ihr Pferd nur einmal mit einem menschlichen Leistungssportler. Und der Clicker kann das Massageerlebnis durchaus positiv unterstützen. Entdecken Sie mit den nachfolgenden einfachen Massagegriffen, wie viel Freude es macht, Ihr Pferd zu behandeln.

Abstreichen

Stillstehen hat Ihr Pferd durch das Clickern (siehe Seite 26) schon wunderbar gelernt. Sorgen Sie für eine reizarme Umgebung. Denn dann können auch Sie sich besser auf Ihren Partner, das Pferd, einlassen. Sie beginnen, wie auch beim Clickern, mit der Entspannungsübung und streichen dann vom Genick aus mit beiden Handflächen den Körper Ihres Pferdes mit sanftem Druck in Fellrichtung ab. Dies dient der ersten Kontaktaufnahme mit der Haut und den darunterliegenden Strukturen, die wir behandeln werden. Sie werden hierbei die ersten Unterschiede bezüglich Festigkeit des Gewebes und Reaktionen des Pferdes bemerken. Bei so genannten kitzeligen Zonen variieren Sie den Druck. Es findet sich fast immer eine Stärke, die dem jeweiligen Pferd behagt. Ansonsten leistet uns hier wieder der Clicker gute Dienste:

Sie berühren die »Kitzelzone« und clicken, bevor das Pferd wegzucken oder in irgendeiner Weise

Abstreichen.

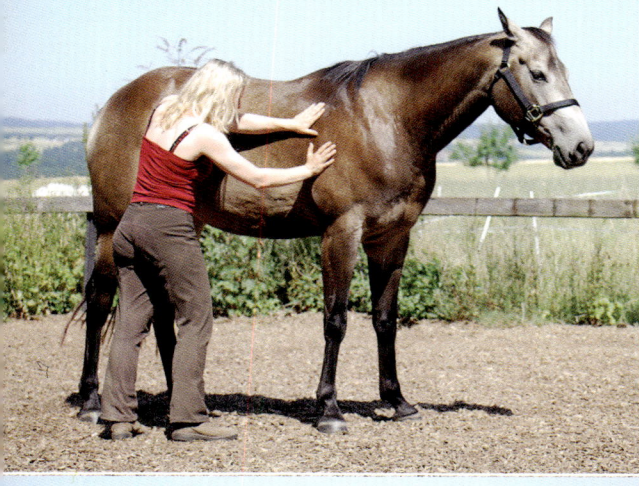

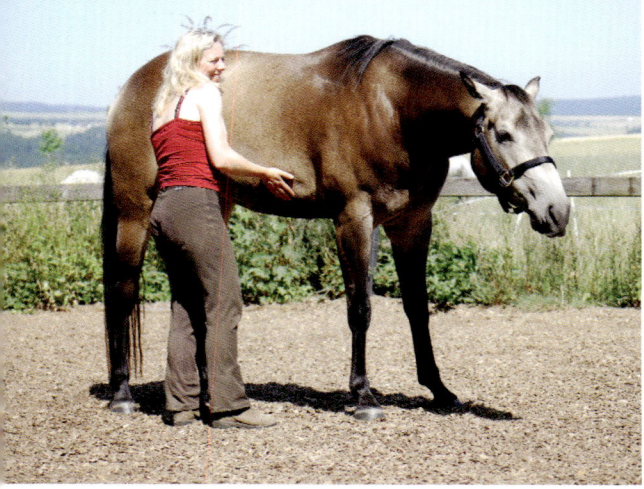

reagieren kann. Ihr Click sollte also wieder kommen, solange das Pferd noch schön still steht. Wir führen die Stillsteh-Übung (siehe Seite 26) also unter erschwerten Bedingungen durch. Bei ganz empfindlichen Pferde kann es sein, dass Sie mit einem Annähern der Hand beginnen müssen, noch ohne das Pferd zu berühren.

Dann können Sie mehr und mehr den Druck der Berührung steigern und auf weitere Flächen ausdehnen, so dass Sie da bald auch ganz normal abstreichen können.

Schütteln

Bei der Schüttelung wird eine Muskelgruppe in angenehme Schwingung versetzt. Am dankbarsten ist hierfür die Hinterhand mit ihren großen Muskelmassen. Die Vorarbeit zu dieser Technik ist wieder die Stillsteh-Übung (siehe Seite 26), wobei Sie mit dem Clicker trainieren, dass Sie Ihr Pferd sicher und entspannt an allen Teilen der Hinterhand berühren können.

Dann legen Sie eine Hand auf den Hüfthöcker und fahren mit der anderen an der Rückseite des Oberschenkels hinunter bis Sie mittig zwischen Sitzbeinhöcker und Sprunggelenk sind, wie es auf dem Foto zu sehen ist. Dann geben Sie der Muskulatur einen Impuls zu Ihnen hin und lassen die Muskulatur wieder in die Ursprungsstellung zurückschnellen. Dabei wird lockerer Kontakt gehalten. Dies wiederholen Sie ca. dreißig Mal und können dabei fühlen, wie sich das Schwingen der Muskeln verstärkt.

Der nächste Bereich zum Schütteln ist die Region hinter dem Hüfthöcker. Alle acht Fingerkuppen werden dort schweifwärts positioniert und der

Schütteln an der Hinterhand.   *Schütteln am Hüfthöcker.*

Impuls geht quasi ins Pferd hinein. Auch hier halten die Finger den Kontakt, wenn man wieder aus der Muskulatur hinausgeht. Es ist eine schiere Freude zu beobachten, wie alles in Schwingung gerät. Achten Sie darauf, selbst ruhig weiterzuatmen, damit Ihre eigene Muskulatur weiter gut versorgt wird.

Dann wandern Ihre Fingerkuppen zum Rippenbogen und der lange Rückenstrecker darf sich entspannen. Hier fallen Behandlung und Befundung zusammen, denn das Ausmaß der Schwingung gibt Ihnen Auskunft über den Verspannungsgrad der Muskeln. Sie wandern schüttelnderweise langsam bis zum Schulterblatt und wieder zurück. Den ganzen Weg wiederholt man drei- bis viermal, denn diese Zone ist den meisten Verspannungen und Belastungen ausgesetzt.

Für die Schüttelung des Arm-Kopf-Muskels liegt die rumpfzugewandte Hand locker auf dem Widerrist, die andere schmiegt sich von unten um den Muskel und schüttelt ihn locker durch. Hierbei wandern Sie langsam kopfwärts und wieder zum Buggelenk zurück (Fotos Seite 38).

Kneten

Die Knetung ist die Grifftechnik schlechthin, welche die meisten Menschen mit Massage assoziieren. Hierbei wird jedoch der Muskel nicht wie ein Brotteig geschmeidig gemacht, sondern man erreicht durch Dehnen des Muskels eine Mehrdurchblutung und reflektorische Entspannung der bearbeiteten Partie (Foto Seite 39).

Wenn Sie den Mähnenkamm kneten, punkten Sie gleich doppelt bei Ihrem Pferd, denn hier greift die soziale Komponente besonders stark. Beide

Schüttelung Arm-Kopf-Muskel.

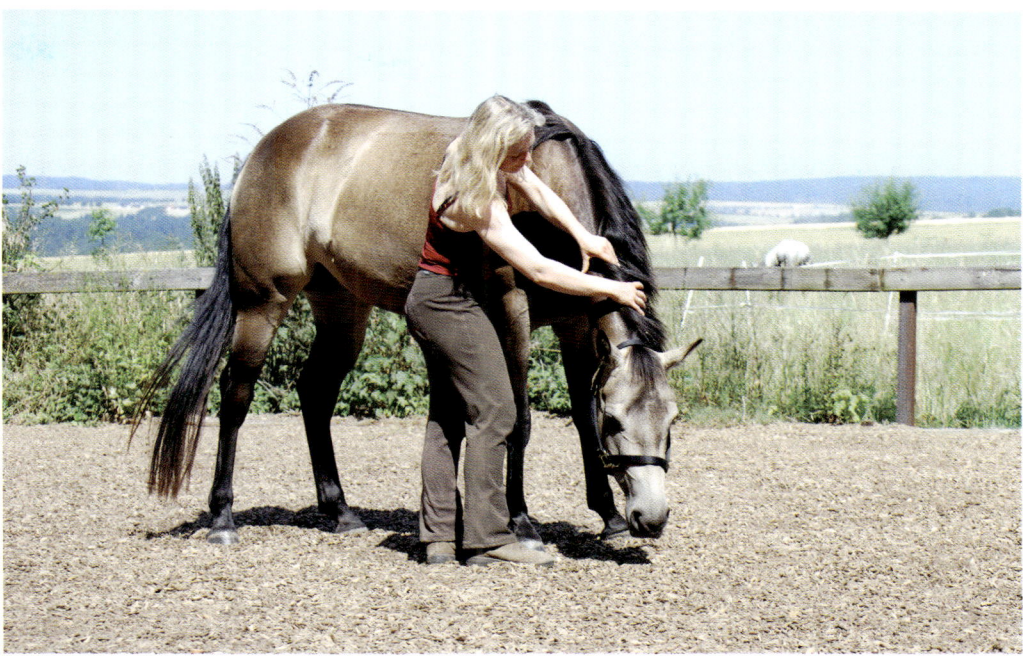

Knetung des Mähnenkammes.

Hände werden nebeneinander so auf den Mähnenkamm gelegt, dass die Daumen auf einer Seite und die Finger auf der anderen Seite liegen. Dann packen Sie sanft zu und bewegen die eine Hand zu sich hin, die andere drücken Sie von sich weg. So wandern Sie ziehend und drückend im Wechsel den Mähnenkamm entlang bis zum Genick hinauf und wieder zum Widerrist hinunter. Wahre Genießerpferde lassen den Kopf zu Boden sinken und zucken begeistert mit der Oberlippe.

Bei der Einhandknetung am Bauch (Foto Seite 40) können Sie erst mit dem Clicker sicherstellen, dass die Berührung dort geduldet wird. Schlauch bzw. Euterregion sind oft sensible Zonen. Kitzeligkeit in der Gurtlage kann ein Hinweis auf Sattel- oder Gurtprobleme sein. Lässt Ihr Pferd sich dort überall anfassen, kann es losgehen:
Sie halten die Handfläche nach oben und beginnen an der breitesten Stelle des Bauches: Der Handballen drückt so stark ins Pferd, dass eine leichte Gewichtsverlagerung auf die andere Körperseite stattfindet. Dabei schieben Sie die Hand bis zur »Bauchnaht«. Dort angekommen, klappen Sie Ihre Finger an den Bauch und ziehen mit Gefühl und Fingernagel die Hand wieder zurück. So wandert man Spur für Spur von der Gurtlage bis kurz vor das Euter bzw. den Schlauch und wieder zurück. Die inaktive Hand liegt flächig und leicht auf, um den Energiekreis zu schließen und Ihnen Rückmeldung über Spannungsveränderung zu geben. Bei der Bauchknetung sieht man sehr schön, wie sich der

Knetung am Bauch.

Rücken des Pferdes anhebt und in Folge dessen auch der Rückenstrecker lockerer wird.

Dieses Kurzprogramm können Sie innerhalb von 15 Minuten durchführen, wobei immer erst eine Körperhälfte und dann die andere behandelt wird. Findet es vor dem Reiten statt, haben Sie ein Pferd, welches mit besser durchbluteten, lockeren Muskeln an die Arbeit geht. Verspannungen wird so vorgebeugt und viele Probleme entstehen gar nicht erst, Sie verhelfen Ihrem Pferd zu einer deutlich besseren Leistung.

3 Gymnastik im Stehen

Gymnastik im Stehen

Für die Rittigkeit des Pferdes ist eine bewegliche Wirbelsäule extrem wichtig. Heerscharen von Osteopathen, Chiropraktikern und Physiotherapeuten arbeiten gegen die Probleme an, die dort entstanden sind. Mit den richtigen Übungen können Sie selbst Ihr Pferd mit Leichtigkeit beweglicher machen, bevor es zu schlimmen Verspannungen und dadurch ausgelösten Blockaden kommt. Hinzu kommt, dass mit dem Clicker geübte Bewegungen viel besser im Körperschema abgespeichert und dann leichter unter dem Reiter abgerufen werden können. Eine Bewegung, die das Pferd freiwillig ausführt und mit etwas Angenehmem verknüpft, hat mehr Leichtigkeit und Ausstrahlung.

Maul zum Knie

Diese Übung lässt sich schön aus der Höflichkeitsübung entwickeln. Da hat das Pferd ja schon gelernt, den Kopf leicht abzuwenden. Jetzt fordern wir einfach etwas mehr. Sie stellen sich also mit Clicker und Leckerchen bewaffnet neben das

Maul zum Knie: den Kopf wegdrehen.   *Dehnen nach der einen Seite …*

Pferd und clicken jede Bewegung des Kopfes von Ihnen weg. Dann stellen Sie sich mehr und mehr vor das Pferd und clicken immer noch jede Bewegung zu der zuvor begonnenen Seite. Mit jeder Wiederholung verlangen Sie sozusagen einen Zentimeter mehr. Bewegt das Pferd den Kopf nicht weit genug, gibt es eben keinen Click. Natürlich gilt auch hier wieder, dass Sie nur das vom Pferd verlangen dürfen, was es auch ausführen kann. Denken Sie an das Ampeltraining (siehe Seite 17).

Auf diese Art und Weise »formen« Sie den Kopf des Pferdes immer mehr in Richtung Knie, bis das Maul das Knie berührt. Achten Sie dabei darauf, dass Sie immer nur clicken, wenn wirklich alle vier Füße auf dem Boden stehen.

... und füttern auf der anderen.

Einen schönen Ausgleich können Sie schaffen, wenn Sie nach dem Click genau gegenüber füttern. Dann pendelt der Kopf immer hin und her.

In den nächsten Schritten arbeiten Sie sich wieder an die Seite des Pferdes, und zwar an die Fütterseite, also nicht dahin, wo das Pferd seinen Kopf bewegen soll. So gehen Sie mehr und mehr nach hinten. Das Endziel ist dann, dass Sie das Signal für diese Übung hinter dem Pferd stehend geben. Das Pferd dehnt sich dabei bis zum Knie, Sie clicken und füttern genau auf der anderen Seite auf selber Höhe.

> **Nutzen von**
> **»Maul zum Knie«**
>
> **Die gesamte Wirbelsäule**
> **wird gedehnt.**
>
> **Stellung und Biegung fallen**
> **dem Reitpferd leichter.**
>
> **Eventuelle Blockaden können**
> **gelöst werden.**

Alternative: Targettraining

Denselben Effekt können Sie über ein Targettraining erreichen. Dabei lernt das Pferd mit der Nase einen Target (=Ziel) zu berühren. Nachher präsentieren Sie den Target einfach da, wo Sie die Pferdenase haben wollen.

Schritt 1: Sie halten Target und Clicker in einer Hand hinter Ihrem Rücken. Dann präsentieren Sie den Target 10 Zentimeter vor der Pferdenase. Pferde sind neugierig und werden den Target ziemlich sicher berühren. In dem Moment clicken Sie, lassen den Target wieder hinter Ihrem Rücken verschwinden und geben dem Pferd sein Leckerchen. Das wiederholen Sie so lange, bis Sie das Gefühl haben, dass das Pferd den Target berührt, um Sie zum Clicken zu bringen.

Schritt 2: Halten Sie den Target ein wenig (erst mal nur 10 Zentimeter) höher, tiefer, rechts oder links und warten Sie darauf, dass sich das Pferd etwas auf den Target zubewegt. Schnell werden

Sie den Abstand vergrößern können. Denken Sie auch hier wieder an das Ampeltraining.

Schritt 3: Nun können Sie den Target mehr und mehr seitlich und hinten präsentieren. Hier müssen Sie unter Umständen noch mal Geduld haben. Die Dehnung kann für das Pferd anstrengend sein, so dass Sie hier eventuell wieder die Entfernung des Targets nur zentimeterweise steigern können, damit das Pferd nicht die Lust verliert (siehe Bilder Seite 46/47). Wenn Ihr Pferd

Erst wird der Blick, dann das Berühren des Targets geclickt und belohnt.

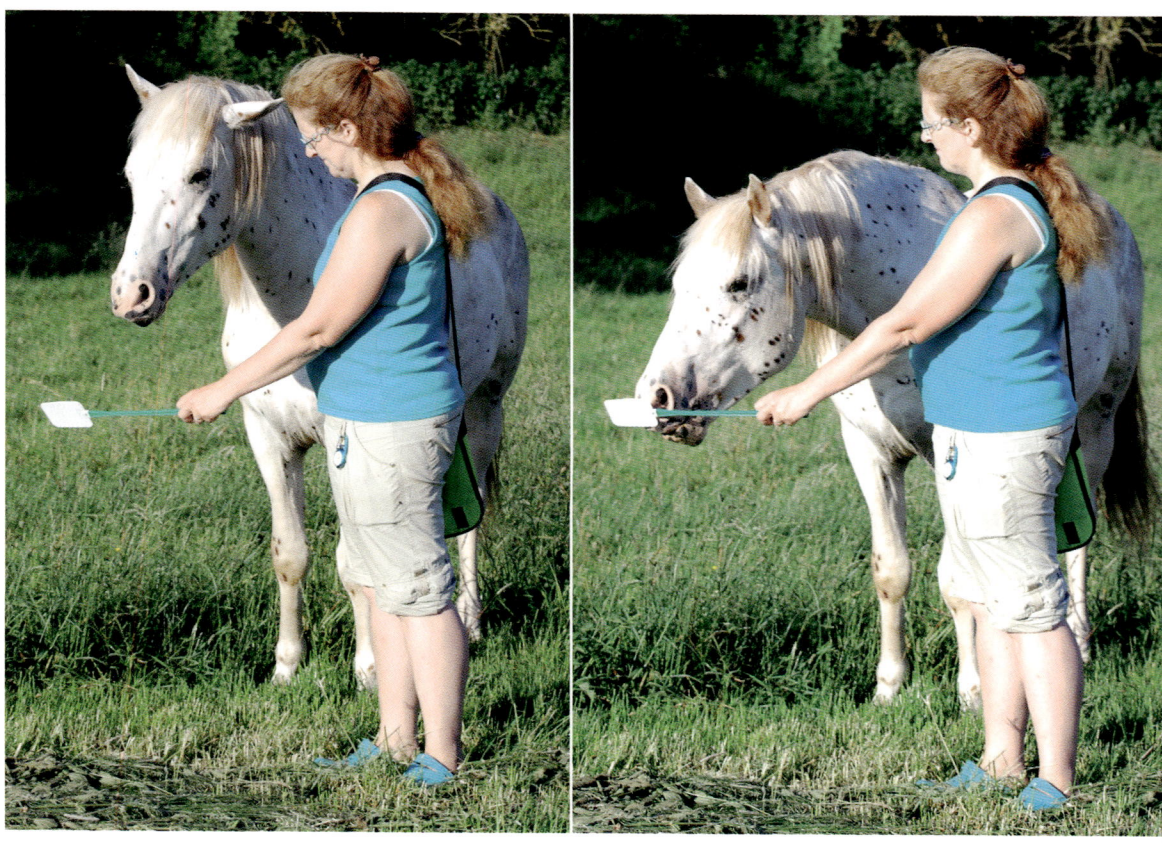

Verschiedene Targets

Fliegenklatsche.

Tennisball an Stock.

Umwickelte Plastikflasche an Stock.

trotz allen Übens nicht weiter als bis zur Gurtlage kommt, sollten Sie es durch einen Tierarzt, Osteopathen oder Chiropraktiker kontrollieren lassen.

Ergänzend zu der Übung mit Maul am Knie leistet die Dehnung mit Nasentarget in der Gurtlage gute Dienste. Hierbei wird eher der obere Bereich der Halswirbelsäule gedehnt.

Maul zwischen Karpalgelenken

Die einfachste Möglichkeit ist hier auch wieder die Verwendung des Targets. Sollten Sie noch

Dann darf das Pferd dem Target nach oben und nach unten folgen.

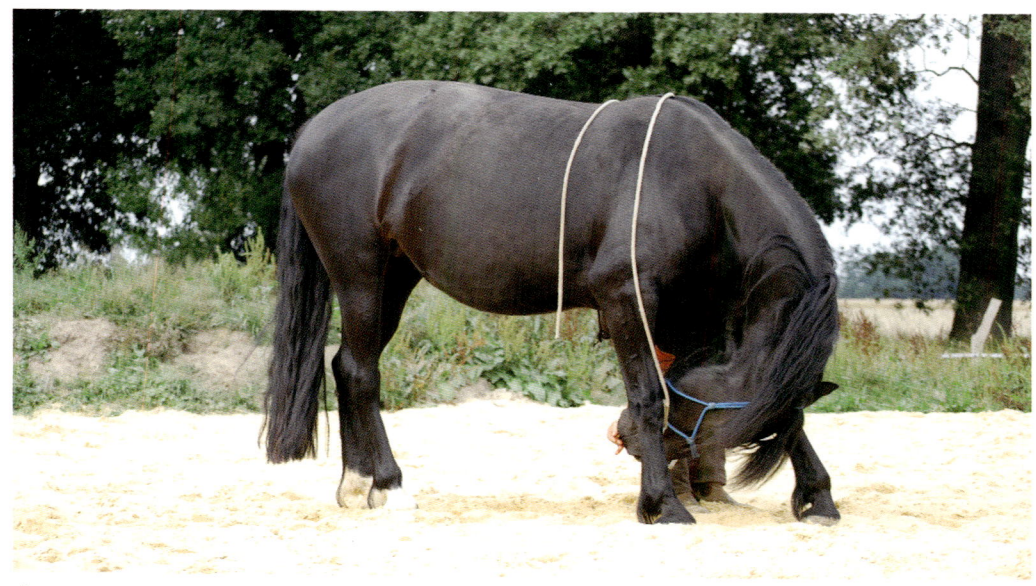

Übung: Maul zwischen die Karpalgelenke.

Seitliche Dehnung: Als Target dient die Hand mit dem Handschuh.

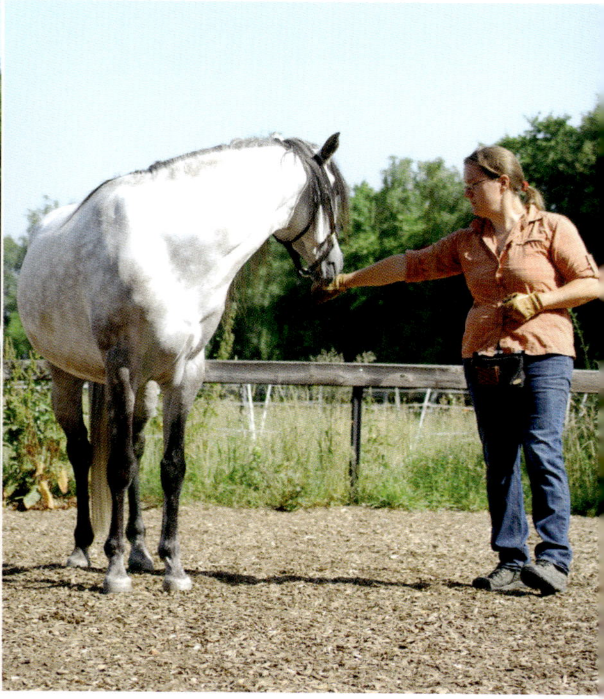

kein Targettraining gemacht haben, tut es natürlich auch ein Leckerchen zum Locken.

Sie präsentieren also den Target oder das Leckerchen zunächst auf halbem Weg zwischen Kopf und Vorderbeinen und belohnen das Pferd, wenn es den Target berührt.

Dann verlangen Sie Stück für Stück mehr, bis das Maul letztendlich zwischen den Beinen ist. Den besten Dehnungseffekt erreichen Sie genau dann, wenn es auf Höhe der Karpalgelenke zwischen die Vorderbeine kommt.

Führen mit Target

Beherrscht Ihr Pferd die Übungen mit dem Target im Stand, haben Sie jetzt eine zusätzliche Mög-

Nutzen von »Maul zwischen Karpalgelenken«

Dehnung der gesamten Wirbelsäule.

Aufwölben des Rückens.

Das Pferd wird biegsamer und geschmeidiger.

Die Wirbelsäule wird auf das Tragen des Reitergewichtes vorbereitet.

Das Vertrauen des Pferdes wird gefördert.

lichkeit, Ihr Pferd sehr präzise zu führen. Diese elegante Variante des Führens können Sie später sehr gut bei allen Übungen an Geräten oder für das Verladetraining einsetzen.

Halten Sie zunächst den Target in einem Abstand vor seine Nase, dass es einen Schritt nach vorne machen muss, um ihn zu erreichen. Sie clicken und füttern wie gewohnt, und erhöhen Schritt für Schritt den Abstand zwischen präsentiertem Target und Pferdenase. Zu diesem Zeitpunkt bleibt der Target immer an der Stelle, an der Sie ihn präsentieren. Er ist wie ein Versprechen. »Wenn du hier ankommst und den Target berührst, bekommst du einen Click und Futter!«

Beherrscht Ihr Pferd diese Übung auch mit mehreren Metern Abstand und hat der Target eine magnetische Wirkung auf seine Nase, können Sie zum nächsten Trainingsschritt übergehen. Präsentieren Sie wie gewohnt den Target, diesmal mit ca. einem Meter Abstand; wenn Ihr Pferd sich in Bewegung setzt, ziehen Sie im gleichen Tempo den Target von seiner Nase weg. Aufgrund der Vorübungen wird Ihr Pferd sicherlich dem Target folgen. Führen Sie es anfangs nur 2 Meter, bevor Sie den Target anhalten und Ihr Pferd auf diese Weise zu seinem Erfolgserlebnis durch Anstupsen, Click und Futter kommt. Steigern Sie die Führstrecke schrittweise und achten Sie dabei

Der Wangentarget als Vorübung für alle Körpertargets.

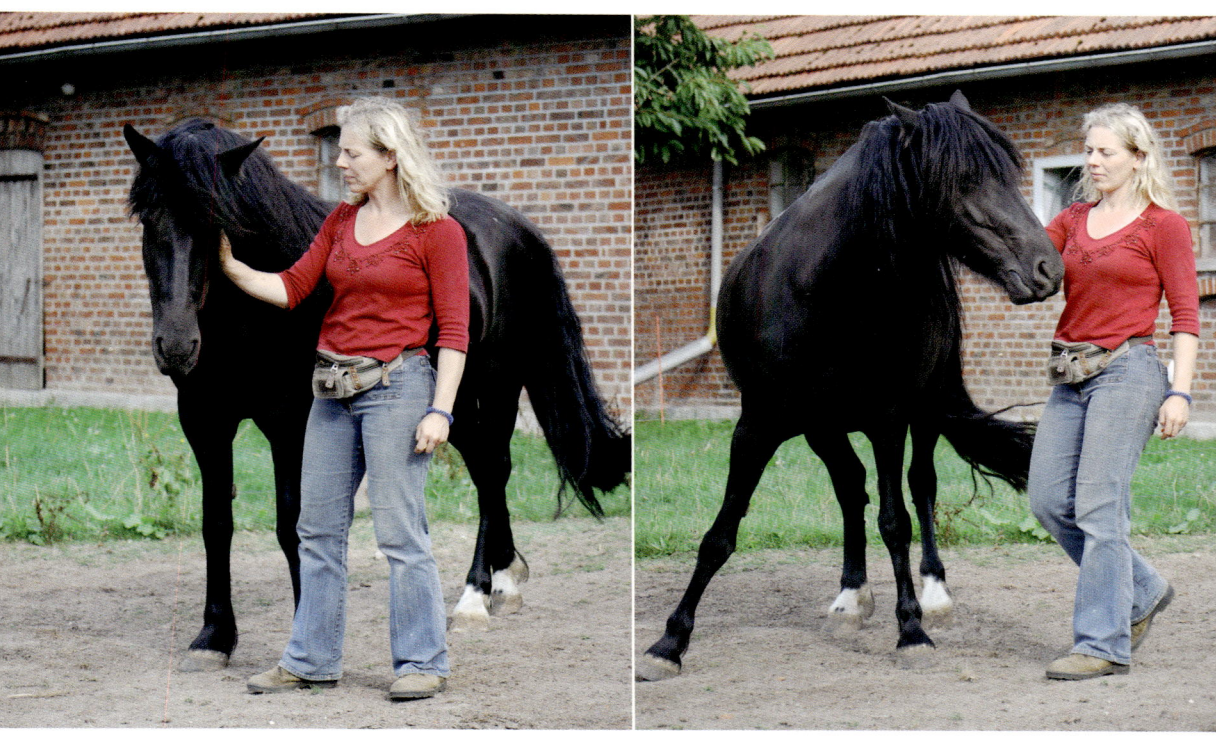

darauf, dass Ihr Pferd immer freudig und motiviert versucht, den Target zu erreichen. Wird es langsamer oder bleibt sogar frustriert stehen, haben Sie die Strecke zu lang gewählt und sollten es beim nächsten Mal wieder schneller den Target erreichen lassen.

Bauen Sie schließlich beim Führen auch Kurven und Seitenwechsel mit ein. Wählt man die Trainingsschritte klein genug, ist diese »Fang-den-Target-Übung« für alle Pferde ein lustiges Spiel und sie sind mit Spaß bei der Sache.

Hüfttarget

Neben einem Nasentarget kann man jedes andere Körperteil durch einen Target gezielt ansprechen. Von großem Nutzen ist der z.B. der Hüfttarget. Je weiter man sich vom Gehirn des Pferdes entfernt, desto magerer wird oft das Körperbewusstsein. Sie müssen also wieder entsprechend geduldig sein und wirklich in Millimetern vorgehen.

Vorübung für Körpertargets

Das Prinzip Körpertarget, wie z.B. der Hüft- oder Rückentarget, ist für die Pferde zunächst gar nicht so leicht zu verstehen. Um ihnen klar zu machen, was wir von ihnen wollen, kann man als schöne Übung den **Wangentarget** trainieren.

Berühren Sie es dazu erst einige Male an der Wange mit Click und Leckerchen. Dann stoppen Sie Ihre Hand 1–2 Millimeter bevor sie die Wange berührt und warten ab. Die Wahrscheinlichkeit, dass sich der Kopf bewegt und dabei zufällig an Ihre Hand stößt, ist viel höher als dass der Rücken zufällig an die Hand stößt. Daher werden Sie dieses Verhalten viel schneller einfangen können

nen. Erhöhen Sie dann wieder den Abstand von Ihrer Hand zur Wange und lassen Sie das Pferd immer deutlicher seinen Kopf bewegen, um ihn an Ihre Hand zu schmiegen.

Das Training des Hüfttargets

Berühren Sie das Pferd einige Male am Hüfthöcker. Dann stoppen Sie einen halben Zentimeter bevor Ihre Hand das Pferd berührt. Die Wahrscheinlichkeit, dass das Pferd die Hand recht schnell (wenn auch noch unbewusst) berührt, ist recht hoch, weil das Hinterteil der Pferde relativ beweglich ist. Einige Male werden Sie clicken und füttern und das Pferd weiß noch gar nicht warum. Sie werden wieder den Kopf rauchen sehen. Nach einiger Zeit wird das Pferd seine Hüfte bewusst bewegen.

Das können Sie auf Wortsignal setzen, Sie können aber auch den Target als alleiniges Signal lassen.

Alternative

Eine eher unbewusste Bewegung des Hüfthöckers können Sie auch über die Bewegung des Kopfes erreichen. Ausgehend von der Entspannungsübung (siehe Seite 32) führen Sie den Kopf zunächst nach unten, dann zur Seite. Der Kopf sollte dabei schön senkrecht bleiben.

Als erstes beobachten Sie den Mähnenkamm. Wenn das Pferd die Übung richtig ausführt, kippt der Mähnenkamm in die Richtung, in der Sie den Kopf bewegen. Das können Sie clicken und belohnen. Wenn Sie sich gut »eingesehen« haben, folgen Sie der Wirbelsäule mit dem Blick weiter nach hinten. Sie werden feststellen, dass die Hüfte auf der Seite, zu der Sie den Kopf bewegen, leicht nach vorne kommt. Auch den Moment können Sie wieder genau clicken, um schließlich darüber mit den Wiederholungen einen immer deutlicheren »Hüftausschlag« zu erzielen.

Signalkontrolle

Signalkontrolle bedeutet, dass das Pferd eine Übung zuverlässig ausführt, wenn es das entsprechende Signal dazu bekommt.

Will man ein Signal einführen, ist es wichtig, dass das Pferd dieses Signal mit dem Verhalten verknüpfen kann. Dafür müssen Signal und Verhalten fast gleichzeitig erscheinen, das Signal etwas vor dem Verhalten. Jedes Mal wenn wir für die Ausführung der Übung eine Hand zur Hilfe nehmen, wird das für das Pferd schon ein Signal.

Es ist möglich, jedes beliebige Signal für eine Übung aufzutrainieren. So könnten Sie beim Beispiel Hüfttarget sagen »Hüfte«; dann bewegen Sie die Hand an die richtige Stelle und belohnen das Pferd, wenn es das Verhalten in erwünschter Weise zeigt. Wichtig ist, dass ein solches Signal erst dann eingeführt wird, wenn Sie das Verhalten schon gut provozieren können. **Wir brauchen also erst das Verhalten**, dann kommt – wie eine Vokabel – das Wortkommando dazu, wenn man das möchte.

Nach etlichen Wiederholungen werden Sie dann feststellen, dass das Pferd nach dem Wortsignal sofort das entsprechende Verhalten zeigt, ohne auf Ihr Handzeichen zu warten. Schließlich gilt es noch, dieses Wortsignal zu verallgemeinern. Dafür nehmen Sie verschiedene Positionen ein, geben das Wortsignal, warten 2–3 Sekunden und geben dann Ihr Handzeichen, wenn das Pferd das Verhalten bis dahin noch nicht zeigt.

Den Hüfttarget wollen wir zu beiden Seiten verwenden. Das gilt es zu bedenken, wenn man ein Signal aussucht. Woher soll das Pferd wissen, welche Hüfte? Anfangs ist das einfach, weil wir an der entsprechenden Seite stehen. Sitzen wir erst einmal auf dem Pferd, ist das nicht mehr so eindeutig. Entweder überlegt man sich also unterschiedliche Wörter oder – was in der Regel einfacher ist – kombiniert man das Wort mit einem Sichtzeichen. Dabei gibt das Sichtzeichen dann die Richtung an.

Stellen Sie sich den Vorgang wirklich wie ein Vokabeltraining oder wie das Lernen des Einmaleins vor. Sie können davon ausgehen, dass das Pferd das Verhalten zeigen wird, wenn es das Wort versteht. Solange es das also noch nicht tut, heißt es einfach: Weiter üben! Später ändern Sie Ihre Position so weit, dass Sie sich sogar auf das Pferd setzen. Als Zwischenschritt könnten Sie sich auf einen Stuhl stellen. Dann haben Sie im Falle der anderen beiden Varianten auch besser

> **!**
>
> ## Nutzen
> ## des Hüfttargets
>
> **Im Stand: dehnen der Lendenmuskulatur auf der anderen Seite.**
>
> **In der Bewegung: beweglich und bewusst machen der Hinterhand.**
>
> **Hilfe bei Seitengängen.**

Bei seitlicher Stellung des Kopfes bewegt sich die Hüfte in die gleiche Richtung.

die Möglichkeit, das Handzeichen nach dem Wort zu geben. Hat das Pferd die Aufgabe verstanden, wenn Sie sich in dieser Position befinden, wird es sie leicht umsetzen können, wenn Sie dann auf ihm sitzen.

Denken Sie daran, dass Sie dem Pferd immer zeigen, wie toll es ist, wenn es einen neuen Schritt versteht. Entweder loben Sie es wirklich mit aller Begeisterung oder Sie geben einfach ein ganz besonderes oder mehrere Leckerchen.

Kniebeugen

Aus der Überlegung, dass man für ein gutes Reiten eine Hankenbeugung haben möchte, kamen wir auf die Idee, dem Pferd mit dem Clicker direkt zu sagen, dass es die Knie beugen soll. Schnell kam uns dann der Knietarget in den Sinn, und siehe da: Es funktionierte.

Nutzen der Kniebeugen

Bewusstmachen des Hinterbeins.

Gleichgewichtsschulung.

Dehnung der langen Sitzbeinmuskeln.

Vorbereitung auf die Hankenbeugung unter dem Sattel.

Man hält die Handfläche wie bei der anderen Körpertargetarbeit ans Knie – Click und Leckerchen. Nach mehreren Wiederholungen stoppen Sie einige Millimeter vor dem Berühren des

Pferdes und lassen es den Rest machen. Je mehr Körpertargets Sie Ihrem Pferd schon beigebracht haben, desto schneller wird dieser Vorgang vonstatten gehen.

Hat das Pferd verstanden, was Sie von ihm wollen, können Sie Ihre Hand mehr und mehr nach vorne nehmen. Eventuell hebt das Pferd das Bein dann an, um Ihrer Hand zu folgen. Das ist in Ordnung. Sie können das Bein immer länger in der Luft halten, um die Muskulatur zu ertüchtigen und zu dehnen.

Eine andere Möglichkeit ist aber, dass der Huf dabei auf dem Boden bleibt. Dann macht das Pferd im wahrsten Sinne des Wortes Kniebeugen. Denken Sie – wie bei allen Übungen – daran, sie möglichst immer auf beiden Seiten zu trainieren.

⬤ Hinsetzen auf Bigpack

Man kann die Hankenbeugung auch gut trainieren, indem man dem Pferd beibringt, dass es sich rückwärts auf einen Bigpack oder einen kleineren Rundballen zubewegt und sich hinsetzt.

Dazu muss das Pferd erst vollkommen vertraut mit dem Gegenstand sein. Nutzen Sie also den Bigpack zuerst ruhig als Nasentarget, lassen Sie das Pferd von beiden Seiten seitlich daran stoßen, bis es vollkommen gelassen bleibt.

Jetzt können Sie es am besten frei rückwärts auf den Bigpack formen. Anfangs wird jeder Schritt auf den Bigpack zu geclickt und belohnt; später nur noch das Berühren des Bigpacks mit dem Hinterteil.

Kniebeugen: Püppi hat gelernt, mit dem Knie die angebotene Hand zu berühren.

Aus diesem Berühren formen Sie dann Stück für Stück das Hinsetzen. Es ist leicht verständlich, dass ein wiederholtes Sitzen-Lassen sehr gut die Muskulatur trainiert, die wir für die Hankenbeugung brauchen.

Huftarget unter den Bauch

Wie auf Seite 64 mit dem Vorderhuf können Sie auch den Hinterhuf mit dem Huftarget zu einer Gymnastikübung bringen. Sie clicken Stück für Stück den Auffußungsplatz immer weiter unter den Rumpf des Pferdes nach vorne. Vorteilhaft ist es, wenn das Pferd Übungen wie das Aufsteigen auf ein Brett, auf eine Matte oder Ähnliches kennt, bei dem es schon die bewusste Bewegung der Hinterbeine geübt hat. Denn normal laufen die Hinterbeine eben nur hinterher und werden recht unbewusst bewegt. Von daher kann es etwas dauern, bis das Pferd die bewusste Bewegung der Hinterhufe verstanden hat.

Rücken hoch

Bei der vorhergehenden Übung hatten wir schon als Nebeneffekt ein Anheben des Rückens. Das kann man aber auch ganz gezielt trainieren. In den folgenden Abschnitten finden Sie einige Übungen dazu.

Rückentarget

Analog zum Targettraining mit der Nase können Sie jeden Körperteil des Pferdes ansprechen. Hier bringen wir dem Pferd bei, einen Target, in dem Fall die Hand, mit dem Rücken zu berühren. Diese Übung setzt schon gute Trainingsfähigkeiten vo-

Pferden, die sich ihrer Hinterhufe bewusst sind, fällt der Hinterhuftarget leicht.

Nutzen von »Huftarget unter den Bauch«

Dehnung der langen Sitzbeinmuskulatur.

Vorarbeit für die »Bergziege«.

Lastaufnahme durch die Hinterhand.

links: Ausnutzen des Reflexbogens.
rechts: Rücken hoch mit dem Rückentarget.

raus. Sie ist recht spektakulär, aber auch nicht leicht zu trainieren.

Schritt 1: Berühren Sie das Pferd mehrere Male mit der Hand am Rücken am Übergang von der Brust- zur Lendenwirbelsäule, also am Ende der Sattellage. Mit Ihrer Berührung kommen der Click und die Belohnung. Dadurch richten Sie die Aufmerksamkeit des Pferdes auf diese Zone.

Schritt 2: Halten Sie jetzt die Hand 1–2 Millimeter über diese Körperstelle. Sobald das Pferd, sei es auch nur zufällig, Ihre Hand berührt, gibt es wieder Click und Leckerchen. Haben Sie Geduld. Das ist wieder eine Übung, bei der Sie den Kopf des Pferdes rauchen sehen werden. Denn selbst wenn es versteht, was es tun soll, heißt das noch lange nicht, dass es auch dazu in der Lage ist. Wiederholen Sie das also immer mal wieder über einen längeren Zeitraum. Sie werden deutlich merken, wenn das Pferd die Übung verstanden hat und körperlich bereit ist, sie auch auszuführen.

Schritt 3: Halten Sie die Hand millimeterweise höher und »ziehen« Sie den Rücken des Pferdes damit quasi nach oben.

Bauchmuskeln anspannen

Legen Sie eine Hand flach von unten an den Bauch Ihres Pferdes. Sobald Sie eine klitzekleine Regung spüren, gibt es Click und Leckerchen. Dann formen Sie Stück für Stück ein immer stärkeres Anspannen der Bauchmuskeln, die den Rücken anheben. Wichtig ist hierbei, dass das

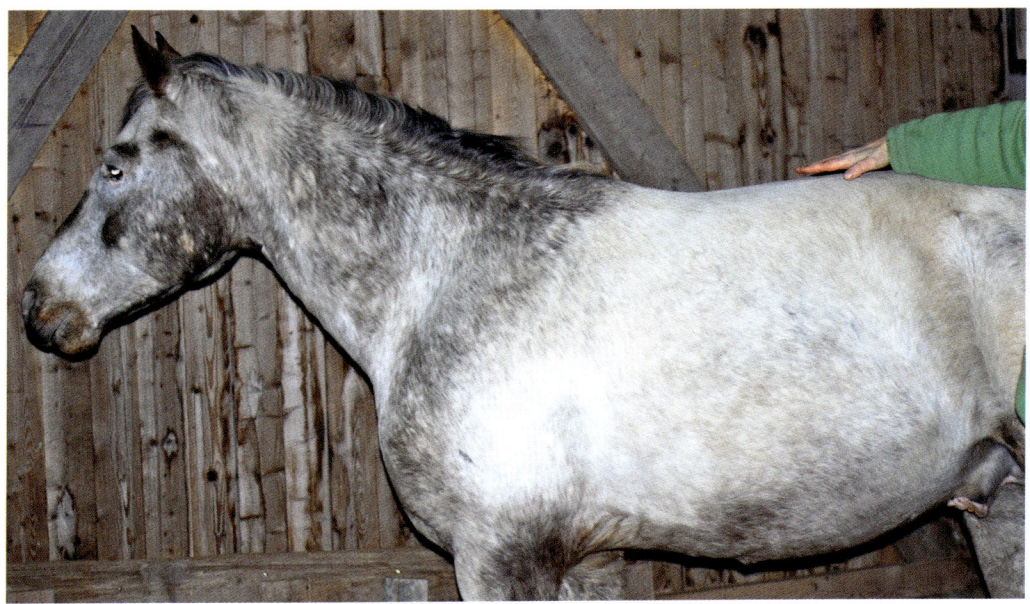

Pferd stehen bleibt, damit Sie die Kontrolle darüber haben, ob die Muskeln bewusst und gezielt aktiviert werden.

Sie können die Übung auch ohne Hand am Bauch, d.h. nur mit den Augen machen. Alexandra Kurland, eine Clickertrainerin für Pferde aus Amerika, nennt das in Anlehnung an Kay Laurence Microshaping (www.learningaboutdogs.com). Dieses Wort macht deutlich, dass es wirklich winzige Details sind, die wir formen können und damit die Übung für das Pferd auch verständlich machen. Denn damit bleiben wir immer im grünen Bereich der Ampel.

Ausnutzen des Reflexbogens

Stellen Sie sich seitlich auf Hüfthöhe ganz nah an das Hinterbein. Suchen Sie sich beidseitig auf der Kruppe die Punkte zwischen Hüft- und Darmbeinhöcker (siehe Fotos Seite 54). Dann ziehen Sie langsam (!) mit Gefühl und leichtem Druck den Fingernagel des Mittelfingers (Fingerhaltung siehe Fotos) über die Kruppe in Richtung Sprunggelenk. Wenn Sie nicht gerade einen Isländer im Winterpelz haben, wird Ihr Pferd den Rücken aufwölben. Diese Bewegung clicken Sie sofort, um

> ### Der Nutzen von »Rücken hoch«
>
> **Dehnung der durch Reitergewicht und Sattel beeinträchtigten Rückenmuskulatur.**
>
> **Auseinanderziehen der Dornfortsätze der Wirbelsäule.**
>
> **Trainieren der Bauchmuskeln.**

Mobilisation des Maules.

dem Pferd zu vermitteln, auf was es Ihnen ankommt. Sollten Sie das Gefühl haben, eine Hand zu wenig zu haben, bitten Sie eine zweite Person, den Moment des Aufwölbens einzufangen. Reduzieren Sie Bewegung und Druck mehr und mehr, so dass später nur ein Antippen an dieser Stelle genügt, den Rücken nach oben zu biegen. Im Idealfall erreichen Sie damit einen richtigen Katzenbuckel.

Mobilisation des Maules

Ein ruhig und zufrieden kauendes Pferd, welches gerne ans Gebiss herantritt, macht Freude in allen Lektionen der Reiterei. Hat Ihr Pferd gelernt, durch leichten Druck des Gebisses auf Zunge und Unterkiefer sein Kiefergelenk und Zungenbein zu entspannen, haben Sie enorme positive Effekte auf den ganzen Körper. Wenn es lernt, mit dem Unterkiefer nachzugeben, lösen Sie gleichzeitig über Muskelketten die komplette Muskulatur Ihres Pferdes. Sie erreichen dadurch eine schöne Beweglichkeit im Genick, ein weiches Herandehnen an die Hand und ermöglichen ein Reiten mit leichter Anlehnung.

Die anatomische Grundstruktur in diesem Körperbereich des Pferdes besteht aus einem sehr komplexen System aus Muskelsträngen. Dazu gehören die Strecker und Beuger des Halses und des Kopfes, die Zungenbeinmuskeln, die Kaumuskeln und noch andere. Jede Veränderung im Tonus eines dieser Muskeln wirkt sich auf die gesamte Muskelgruppe aus. Man kann sogar noch weiter gehen: Über die sehr stabilen Rü-

ckenmarkshäute ist dieser ganze Bereich auch mit dem Kreuzbein und Becken verbunden. Letztendlich ist also der ganze Körper betroffen durch Veränderungen, die im Hals-, Kopf- und Kaubereich ihren Ursprung haben.

Viele Menschen wissen aus eigener Erfahrung, dass bei Stress, Überforderung und Anspannung der Kiefer verspannt, weil man die Zähne zusammenbeißt. Schon ein leichter Druck auf die Backenmuskulatur ist dann sehr unangenehm und schmerzhaft. Öffnet man in solchen Momenten den Mund ganz weit und bewegt den Unterkiefer hin und her, kann man den lockernden und entspannenden Effekt am eigenen Leib spüren.

Ähnlich wohltuend sind die Übungen zur Mobilisation des Maules für Ihr Pferd. Auch dieses kann dann körperlich und geistig besser entspannen. Sehr viel Lockerheit im Maul erreichen wir natürlich schon durch die stetige Leckerchengabe. Aber man kann noch gezieltere Übungen für diesen Zweck durchführen.

Legen Sie eine Hand über den Nasenrücken, wie auf dem Foto dargestellt ist. Mit der anderen Hand greifen Sie die beiden Unterkieferäste und verschieben langsam den Unterkiefer gegen den Oberkiefer. Je nach Toleranz Ihres Pferdes clicken Sie zunächst, dass Sie die Hände an die beschriebenen Stellen legen. Dann auch jede noch so kleine Bewegung. Denken Sie daran: Sollte das Pferd sich wehren, haben Sie zuviel verlangt. Dann lassen Sie einfach los. Sie müssen nichts mit Gewalt festhalten. Das würde all unsere angestrebte Losgelassenheit zunichte machen.

Lässt Ihr Pferd sich diese Übung gut gefallen, was wieder mit einer deutlichen Entspannung einhergehen sollte, dann bewegen Sie den Unterkiefer langsam und vorsichtig von einer Seite zur anderen. Achtung: Sollte es an einer Stelle plötzlich stocken, ist es vielleicht angebracht, den Pferdezahnarzt und/oder einen Osteopathen bzw. Chiropraktiker zu Rate zu ziehen. Vielleicht liegen Zahn- oder Kiefergelenksprobleme vor. Wenn das nicht der Fall ist, sollten Sie den Unter-

Verzichten Sie auf Zwangsmittel, wie einen fest zugeschnallten Nasenriemen.

kiefer locker zu beiden Seiten gleich weit hin- und herschieben können.

Jetzt wiederholen Sie diese Übung mit aufgetrenstem Pferd. Schauen Sie, was passiert. Ist es Ihnen noch möglich, den Unterkiefer genauso weit wie zuvor zu bewegen? Wenn ja, dann brauchen Sie an der Trense nichts zu ändern. Wenn nicht, sollten Sie den Nasenriemen etwas lockerer verschnallen. Denn wir brauchen natürlich gerade auch beim Reiten diese Lockerheit im Unterkiefer, die man sich nicht durch einen zu stramm verschnallten Nasenriemen kaputt machen sollte. Es ist also die Frage, ob man überhaupt einen Nasenriemen zum Reiten braucht. Denn eigentlich sind die Dinge, die das Pferd einem ohne Nasenriemen zeigt und wegen derer man den Nasenriemen verwendet, wichtige Hinweise für den Reiter, dass irgendetwas nicht stimmt. Diesem Etwas sollte man auf den Grund gehen und geeignete Maßnahmen ergreifen, es abzustellen, anstatt nur das Symptom zu bekämpfen und einen Nasenriemen zu verwenden. Wenn es denn unbedingt sein muss, dann achten Sie darauf, dass zwischen Nasenriemen und Nasenrücken zwei aufgestellte Finger Platz haben. Oft wird die Zwei-Finger-Regel nämlich an der Seite angewandt, was natürlich einen viel zu eng verschnallten Nasenriemen ergibt.

Noch besser ist es natürlich, wenn das Pferd sich erst gar nicht verspannt, so dass man nichts zu lockern braucht. Geht man in der Ausbildung sehr kleinschrittig vor und sorgt dafür, dass es sich für das Pferd lohnt, unsere verrückten Spielchen mitzumachen, dann bleibt es in der Regel auch schön locker. Das Pferd hat immer die Wahl. Sie werden den Unterschied bei Ihrem Pferd feststellen, auch wenn Sie die Arbeit über die positive

Der Nutzen der »Mobilisation des Mauls«

Genick und Schulterbereich werden locker.

Das Pferd lässt sich psychisch und körperlich los.

Genick, Rücken und Hinterbeine »hängen am Maul«.

Verstärkung zunächst erst einmal nur in Teilbereiche Ihres Zusammenseins mit dem Pferd einbauen.

Gähnen

Das Gähnen können Sie sehr schön mit dem Clicker einfangen, wenn das Pferd es von sich aus anbietet. Sobald Sie also sehen, dass das Pferd zum Gähnen ansetzt, clicken Sie und belohnen das Pferd. Nach einigen gut platzierten Clicks sollten Sie feststellen, dass das Pferd immer häufiger in Ihrer Gegenwart gähnt. Das ist dann der Zeitpunkt, dieses Verhalten unter Signal zu setzen. Sagen Sie also immer Ihr entsprechendes Wort, z.B. »Gähnen« oder geben Sie ein entsprechendes Zeichen, indem Sie z.B. vorgähnen, wenn Sie den Verdacht haben, dass das Pferd jeden Moment gähnen wird. Sollten Sie nach der Signaleinführung eine Situation verpassen und kein Signal gegeben haben, clicken und belohnen

Stimmt die Kommunikation, braucht man keine Hilfsmittel.

Sie nicht mehr. Das Pferd soll mit der Zeit lernen, dass sich dieses Verhalten nur lohnt, wenn Sie zuvor das Signal gegeben haben.

Mit dem Gähnen auf Signal haben Sie dann eine schöne Möglichkeit, viele Muskeln im Maulbereich zu dehnen und damit zu lockern. Außerdem haben Sie ja auch wieder den psychischen Effekt, dass damit eine generelle Entspannung einhergeht.

Kauen auf Signal

Eine weitere Variante zur Lockerung des Maules ist, dem Pferd das Kauen auf Signal beizubringen. So kann man den Unterkiefer bei Bedarf lockern.

Eine Möglichkeit besteht, wie immer, darin, dass man das Verhalten einfängt, wenn das Pferd es von sich aus anbietet. So kann man dem Pferd ein etwas festeres Leckerchen geben und den Moment clicken, wenn es anfängt zu kauen. Dafür gibt es wieder ein Leckerchen. Das gibt eine Möglichkeit zum Clicken. Das Ganze wiederholt man ein halbes Dutzend mal und wartet dann ab, wenn das Pferd fertig gekaut hat. Vielleicht kommt noch ein »Kauer« hinterher, den man dann wieder clicken kann. Je nach Pferd kann es unterschiedlich viel Geduld erfordern, bis das Pferd verstanden hat, wofür es geclickt wird. Denn das Kauen ist eine recht unbewusste Bewegung, die reflexartig durch den Maulinhalt

Die Kaubewegung mit dem Clicker einfangen.

Der Nutzen des »Kauens auf Signal«

Lösen des Unterkiefers.

Ermöglichen des weichen Nachgebens auf Zügelhilfen.

Vorübung für leichte und gleichmäßige Anlehnung.

Lockerung der kompletten Körpermuskulatur.

hervorgerufen wird. Das Pferd muss sich dieser Bewegung erst richtig bewusst sein.

Hilfestellung

Sie können das Kauen auch herauskitzeln, indem Sie mit einem Gebiss im Pferdemaul spielen. Durch superleichtes Vibrieren des Gebisses können Sie ein Kauen provozieren, was dann sofort geclickt wird. Gewöhnen Sie sich dafür eine ganz bestimmte Vibration an, die dann später beim Reiten das Signal zum Kauen wird.

Mobilisation der Schulter

Jetzt wenden wir uns der Schulter zu und werden Ihnen einige Übungen vorstellen, mit denen Sie diese schön lockern können. Eine verspannte Schultermuskulatur erkennen Sie z.B. an reduziertem Ausschreiten, durch Schlurfen verkürzte Zehen an den Vorderbeinen, Unwilligkeit beim Angurten oder Angaloppieren auf der falschen Hand.

Schultertarget

Sie stehen neben dem Pferd auf Schulterhöhe. Halten Sie wieder, wie auf Seite 49 beim Körpertarget beschrieben, Ihre Hand an die Schulter und clicken und füttern das Pferd. Nach einigen Wiederholungen stoppen Sie die Hand einen Zentimeter vor der Schulter. Sie warten also in etwas Abstand, bis das Pferd die Idee hat, dass es seine Schulter an Ihre Hand bringen soll. Den Hauch einer Idee clicken Sie wieder und zeigen dem Pferd so Stück für Stück, was Sie von ihm wollen.

Haben Sie den Eindruck, dass sich das Pferd bewusst Ihrer Hand nähert, dann vergrößern Sie den Abstand. Halten Sie die Hand auf 5, dann auf 10, dann auf 20 Zentimeter Abstand. Spätestens bei den 20 Zentimetern wird es den ersten Schritt machen müssen. Achten Sie auf genügend Abstand; passen Sie vor allem auf Ihre Füße auf. Lassen Sie dem Pferd Zeit. Denn es muss nicht nur verstehen, was Sie von ihm wollten, es muss auch in der Lage sein, es körperlich auszuführen. Daher sind Geduld und kleine Trainingsschritte gefragt, was nicht heißt, dass es lange dauert, die Übung zu trainieren. Clickererfahrene Pferde verstehen sie oft schon in einer Trainingseinheit.

Mit dieser Übung erreichen Sie zunächst mal eine Gewichtsverlagerung, was die Tiefenmuskulatur trainiert. Im nächsten Schritt können Sie sich rückwärts vom Pferd wegbewegen, mit Ihrer Hand in ca. 10 cm Abstand zur Schulter. Passen Sie die Geschwindigkeit Ihrer Schritte der Geschwindigkeit des Pferdes an, das mit der Schulter Ihrer Hand folgt. Damit das Pferd mit der Schulter folgen kann, muss es mit dem von Ihnen abgewandten Vorderbein kreuzen. Beginnen Sie mit ein bis drei Schritten und verlängern Sie die Strecke im Laufe der Zeit.

Sollten Sie sich so nah am Pferd unwohl fühlen, wenn das Pferd sich mit der Schulter auf Sie zubewegt, kann Ihre Hand auch durch einen Target ersetzt werden, was einen größeren Abstand ermöglicht. Dafür nehmen Sie den Target zunächst nahe beim »Kopf« in die Hand. Hat das Pferd das verstanden, verlängern Sie den Stiel des Targets mehr und mehr, bis Sie Ihren gewünschten Abstand erreicht haben und sich wieder wohl fühlen.

Kreuzen der Beine

Hierbei nutzen wir die Beobachtungs- und Imitationsfreude der Pferde. Stellen Sie sich frontal vor Ihr Pferd. Lehnen Sie sich zur Seite und kreuzen Sie Ihre Beine. Versuchen Sie wirklich »mitreißend« zu sein. Da Pferde sehr soziale Tiere sind, nehmen Sie gerne solche Vorgaben zum Imitieren an. Ihre Aufgabe ist es jetzt nur, die Andeutung einer Seitwärtsbewegung mit dem Clicker einzufangen. Nach einigen Wiederholungen clicken Sie nur noch, wenn das Pferd seinen Fuß zumindest leicht anhebt und zur Seite bewegt. So formen Sie es mehr und mehr dahin,

Schultertarget: Kisa folgt mit der Schulter Vivianes Hand.

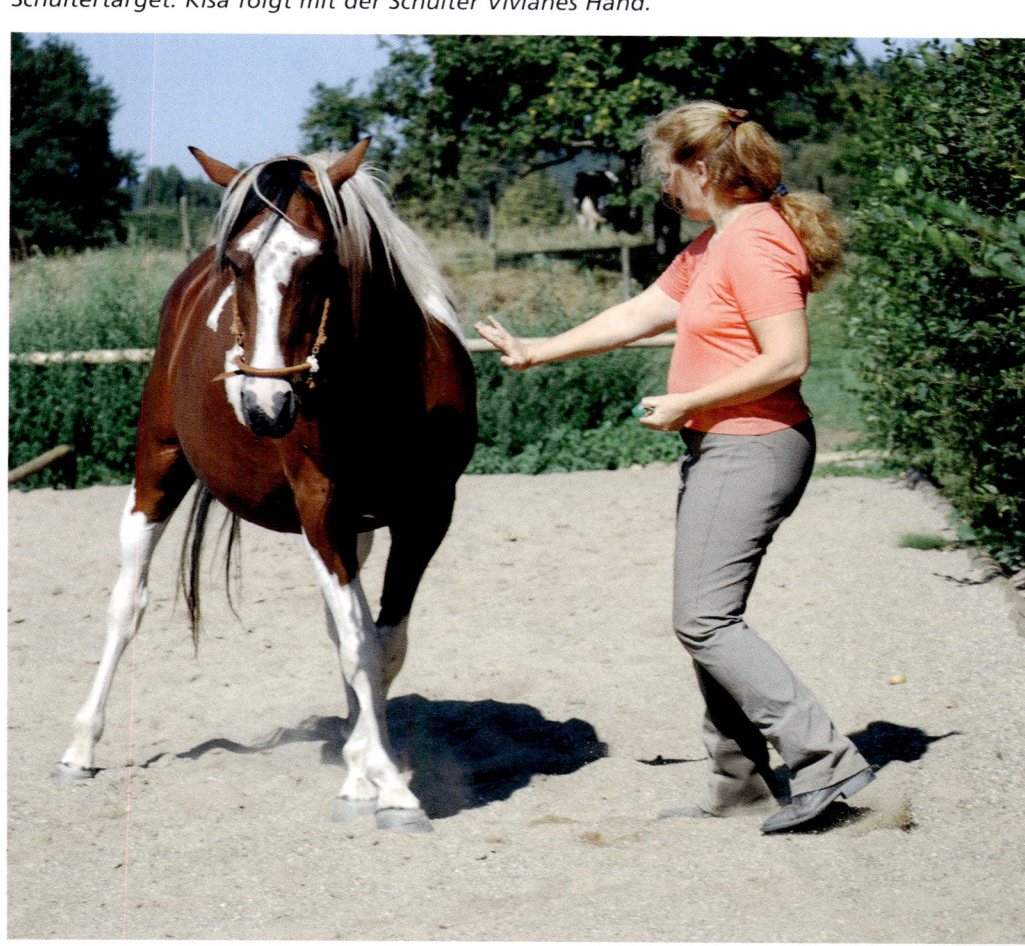

dass es schließlich Ihre Bewegung imitiert und auch die Beine überkreuzt.

Bleiben Sie eine Weile stehen, um die Muskulatur zu dehnen, die Tiefenmuskulatur zu schulen und das Gleichgewicht zu fördern.
Denken Sie wieder an beide Seiten. So können Sie Ihrem Pferd ganz nebenbei »das Tanzen« beibringen und es dann künftig »warm tanzen«, statt es warm zu reiten.

Winken

Mit dem Winken wollen wir eine weitere Möglichkeit zeigen, wie man die Schulter des Pferdes gut lockern kann. Eine Trainingsmöglichkeit ist das freie Formen. Dabei beobachten Sie einfach nur das Pferd, clicken jedes Anheben eines Fußes und formen so das Bein Stück für Stück nach oben. Der Nachteil daran ist, dass Pferde Übungen, die frei geformt werden, sehr

rechts: Püppi imitiert Ninas Beinstellung und kreuzt die Beine.

unten: Winkendes Muli.

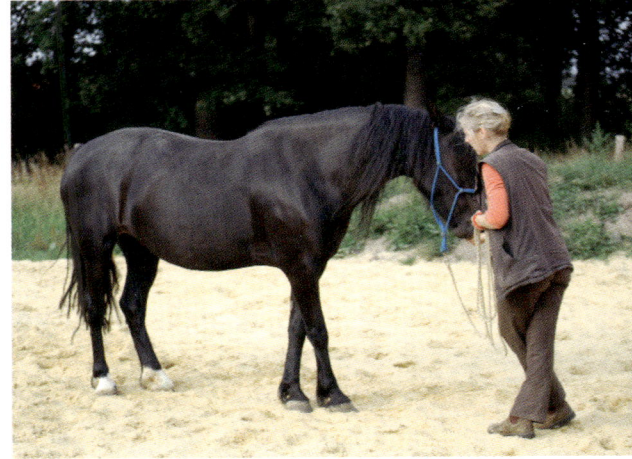

gerne immer wieder anbieten, weil sie so viel Spaß machen. In manchen Situationen ist dies jedoch nicht erwünscht. Deshalb ziehen wir auch hier die Arbeit mit dem Target vor.

Wählen Sie für diese Übung einen speziellen Target. Das könnte z.B. ein Stück Gummimatte an einem Stock oder ein Teppichstück an einem Bambusstab sein. Diesen Target halten Sie vor einen Huf und clicken jede Näherung. Hat das Pferd verstanden, worum es geht, können Sie beginnen, den Target mehr und mehr anzuheben, so dass es das Bein hochnehmen muss.
Einen besonders großen Nutzen erzielen Sie aus dieser Übung, wenn Sie erreichen, dass das Pferd das Schulterblatt anhebt und Richtung Widerrist führt.

Ballrollen

Bei dieser Übung bringen Sie dem Pferd bei, sich mit einen Vorderfuß auf einen stabilen Ball zu stellen und damit die Schulter anzuheben. Wir stellen Ihnen zwei verschiedene Trainingsmöglichkeiten vor. Sie können das frei formen, was sich besonders bei Pferden anbietet, die schon einige Übungen mit den Vorderbeinen kennen. Diese werden bestimmt relativ leicht die gewünschte Bewegung anbieten, die Sie dann clicken und Stück für Stück zum endgültigen Verhalten formen können. Bei Pferden, die noch keine Arbeit mit den Vorderbeinen kennen, geht das auch, erfordert nur etwas mehr Geduld.

Die zweite Variante ist wieder das Arbeiten mit einem Target. Haben Sie die vorhergehende Übung

Ballrollen: Verlegt das Pferd sein Gewicht auf den Ball, erreichen wir eine gute Gymnastizierung der Schulter.

Nutzen der »Mobilisation der Schulter«

Beweglichkeit der Vorhand fördern.

Körpergefühl erhöhen.

Vorbereitung auf und Verbesserung der Seitengänge.

Vergrößerung des Raumgriffs.

Trotz ihrer barocken Breite kann Püppi mit allen Vieren auf einem schmalen Balken balancieren.

mit dem Teppichtarget gemacht, können Sie den Teppich auf den Ball kleben und diesen dann insgesamt als Target verwenden.

Als nächstes gilt es noch, das Pferd dazu zu veranlassen, sein Gewicht auf den Fuß zu bringen, der auf dem Ball steht. Der Ball sollte sich dabei auf 5–10 cm zusammendrücken. Dadurch wird dann die Schulter nach oben geschoben und mobilisiert. Besonderen Nutzen erzielen Sie, wenn Sie das Pferd dazu bekommen, mit seinem Gewicht über den Ball zu kreisen.

Übungen mit Geräten

Jetzt kommen wir in einen Bereich, in dem Spaß, Nutzen und ein gewisser Showeffekt ein prima Team bilden. Viele Übungen haben neben ihrem Selbstzweck eine positive Wirkung auf die Fitness und Beweglichkeit Ihres Pferdes.

Balancieren

Ein Pferd, das gelernt hat, sich auf schmalstem Untergrund zu bewegen, ist durch das verbesserte Gleichgewicht nicht nur trittsicherer im Gelände, sondern auch geschmeidiger auf dem Dressurviereck oder über dem Sprung.

Sie benötigen ein Brett, einen Balken oder eine runde Stange von ca. 3 Metern Länge.

Schritt 1: Führen Sie Ihr Pferd an die kurze Seite eines ca. 40 cm breiten Brettes heran. Bleiben Sie stehen und clicken Sie einige Male alles, was das Pferd mit dem Brett macht: Angucken, sich mit der Nase nähern oder einen Fuß drauf setzen. Nur das Scharren sollten Sie nicht clicken; das ist für die Pferde ein zu billiges Verhalten (d.h. es ist fast selbstbelohnend) und Sie werden es dann schwer wieder los. Jetzt weiß das Pferd, dass es um das Brett geht.

Außerdem können Sie es seitwärts über den Balken führen, so dass die Vorderbeine beide auf einer Seite und die Hinterbeine auf der anderen Seite gehen.

Führen Sie das Pferd auch mal längs über einen Balken, so dass jeweils ein Vorder- bzw. Hinterbein rechts oder links vom Balken läuft, um es immer besser an den Balken zu gewöhnen.
So ist Ihr Pferd dann bestens auf die Arbeit mit diesen Hilfsmitteln vorbereitet.

Schritt 2: Führen Sie das Pferd wieder an diese Stelle, wobei Sie körpersprachlich eine Vorwärts-intention ausdrücken. Das regt das Pferd wieder zum Nachmachen an und Sie können jede Vorwärtsidee des Pferdes clicken und es so Schritt für Schritt über das Brett führen. Sollte es danebentreten, brechen Sie die Übung ab und führen es im Kreis wieder an den Startpunkt. Dann bekommt es eine neue Chance.

Schritt 3: Geht Ihr Pferd sicher mit allen vier Hufen auf dem Brett, können Sie als nächstes ein schmaleres Brett nehmen. Jetzt muss es die Hufe dichter nebeneinander setzen, um die Aufgabe zu lösen. Gehen Sie wieder vor, wie in Schritt 2 beschrieben. Je nachdem, wie schmal das Brett

Schritt für Schritt balanciert Püppi über die Stange.

wird, kann es sein, dass das Pferd schließlich nur noch mit den Vorderhufen balanciert. Das ist für unsere Zwecke aber in Ordnung. Eventuell ist es sinnvoll mit einer Hilfsperson zu arbeiten. Die kann von der Seite darauf achten, dass die Hinterbeine jeweils auf einer Seite vom Brett bleiben und das Hinterteil des Pferdes nicht seitwärts schwenkt. Das sieht man alleine unter Umständen schlecht, wenn man vor dem Pferd steht und auf die Vorderbeine achtet.

Schritt 4: Nehmen Sie eine runde Stange von mindestens 10 cm Durchmesser und legen Sie diese stabil in den Sand, so dass sie nicht wegrollen kann. Dann gehen Sie wie in Schritt 3 beschrieben vor.

Schritt 5: Sind Sie einigermaßen handwerklich geschickt, können Sie jetzt noch eine Art Schwebebalken errichten. Dabei muss die Stütze aber schmal genug sein, dass das Pferd auch mit seinen Hinterbeinen daran vorbei kommt. Cavalettis sind dafür in der Regel zu breit. Jetzt können Sie Ihr Pferd mit den Vorderhufen auf der erhöhten Stange balancieren lassen.

Die Warmblutstute Gala verbessert Koordination und Schulterbeweglichkeit durch die Übungen auf der Stange.

Mögliche Variationen

Viele Pferde setzen auch beim 40 cm breiten Brett die Hinterhufe relativ ungern mit aufs Brett. Für diese Kandidaten kann man die Übung etwas abwandeln. Führen Sie das Pferd quer über das Brett und stoppen Sie es mit den Hinterfüßen kurz davor. Jetzt lassen Sie es z.B. mit dem Huftarget (siehe Seite 53) die Hufe aufs Brett heben. So bekommt das Pferd ein Gefühl dafür, seine Hinterhufe gezielt zu platzieren und es lernt, sie bewusster zu setzen

Die Möglichkeiten, mit Balken oder Brett zu spielen, sind vielfältig. So können Sie dem Pferd beibringen, nur mit einer Körperseite auf dem Balken zu gehen. Das schiebt in ganz hervorragender Weise die Schulter nach oben und ist eine gute Krankengymnastik für die Beweglichkeit der Vorder- und Hinterhand.

Das Pferd kann lernen, jeweils nur mit den Vorder- oder nur mit den Hinterbeinen auf dem Brett seitwärts zu gehen. Dafür lassen Sie es von der Querseite auf das Brett aufsteigen und geben ihm mit dem Schulter- oder Hüfttarget (siehe Seite 49 und 62) das Signal zum seitwärts gehen.

Achten Sie bei allen Übungen auf den Moment, in dem das Pferd wirklich Gewicht mit dem auffußenden Huf aufnimmt. Zuerst ist das Gewicht nämlich noch auf dem am Boden stehenden Huf, erst später belastet das Pferd den Huf, der auf dem Balken steht. Diesen Moment sollten Sie immer clicken, denn die Lastaufnahme ist etwas, was wir beim Reitpferd schulen wollen.

Die Wippe

Als Vorübung eignet sich gut der Schritt 1 und 2 von der Übung Balancieren (siehe Seite 65). Dann kann das Pferd schon über ein etwas breiteres Brett gehen.

Das können Sie dann für das Gehen über die Wippe nutzen. Sie können die Wippe auch ohne diese Vorübung trainieren, indem Sie zunächst alles clicken, was das Pferd mit der Wippe macht (außer Scharren) und sich dann mit der körpersprachlichen Vorwärtsintention neben dem Pferd an den Aufgang der Wippe stellen. Jetzt clicken Sie jeden Schritt, den das Pferd auf die Wippe macht. In der Regel ist das mit den Vorderhufen relativ einfach. Etwas schwieriger wird es dann, zu erreichen, dass das Pferd auch die Hinterhufe mit auf die Wippe nimmt. Tritt es daneben, führen Sie es erneut im Kreis an den Start. Vermeiden Sie dabei eine Erwartungshaltung: Beobachten Sie einfach nur und clicken Sie alles, was in Richtung Ziel geht, aber erwarten Sie nichts. Das macht nämlich zu viel Druck. Sie sollten eher mit dem Pferd spielen, statt es unter Druck zu setzen.

! Nutzen des Balancierens

Sehr gut für die Beweglichkeit der Schulter.

Hervorragende Gleichgewichtsschulung.

Extrem effektives Trittsicherheitstraining.

Gute Vorbereitung für viele andere Übungen.

Viele neue Verknüpfungen im Gehirn.

Spaß, Spaß, Spaß.

Der nächste spannende Punkt ist erreicht, wenn das Pferd mit allen Hufen auf die Wippe geht und sich dem Kipppunkt nähert. Helfen Sie ihm hier mit einer extrem hohen Belohnungsrate. Das bedeutet, dass Sie einige Zentimeter vor diesem Punkt bis über ihn hinaus so schnell es geht mehrmals hintereinander clicken und füttern. So geben Sie dem Pferd Sicherheit an diesem wackeligen Punkt.

Geht das Pferd sicher über die Wippe, lassen Sie es doch mal am Kipppunkt stehen und wirklich wippen, indem Sie es immer einen Schritt vor- und zurückgehen lassen. Es gibt Pferde, die zu diesem Zweck ihren Hals benutzen und damit sehr energiesparend wippen lernen.

Ein Highlight für jeden Besucher bei Ihnen im Stall ist es, wenn Sie dem Pferd beibringen, mit dem Menschen zu wippen. Das Pferd steht also auf der einen, der Mensch auf der anderen Seite. Jetzt ist es Aufgabe des Pferdes, den Menschen hoch und runter zu wippen.

Über ein gut getimtes Clicken können Sie auch versuchen, dem Pferd zu vermitteln, dass es die Wippe in der Schwebe halten soll. Das fordert schon Einiges an Können vom Trainer, denn Sie brauchen ein wirklich gutes Timing. Sie können später die Zeit herauszögern, die das Pferd sozusagen in »Schwebehaltung« auf der Wippe steht; das ist eine ganz hervorragende Übung für sämtliche Tiefenmuskeln.

Ein Rückwärtsgehen über die Wippe ist neben einer guten Übung für Balance und Bewusstheit auch eine hervorragende vertrauensbildende Maßnahme. Das Pferd fällt beim Rückwärtsgehen sozusagen ins Nichts und es braucht einiges an Vertrauen, um diese Übung durchzuführen.

Amadeus mit Delia auf der Wippe.

Dann können Sie Ihr Pferd seitwärts nur mit den Vorder- oder Hinterbeinen über die Wippe gehen lassen. Auch hier bietet sich ein Hin- und Herwippen am Kipppunkt an.

Mit einer ganz breiten Wippe könnten Sie das Pferd auch seitwärts auf den Kipppunkt stellen, um es hin- und herwippen zu lassen.

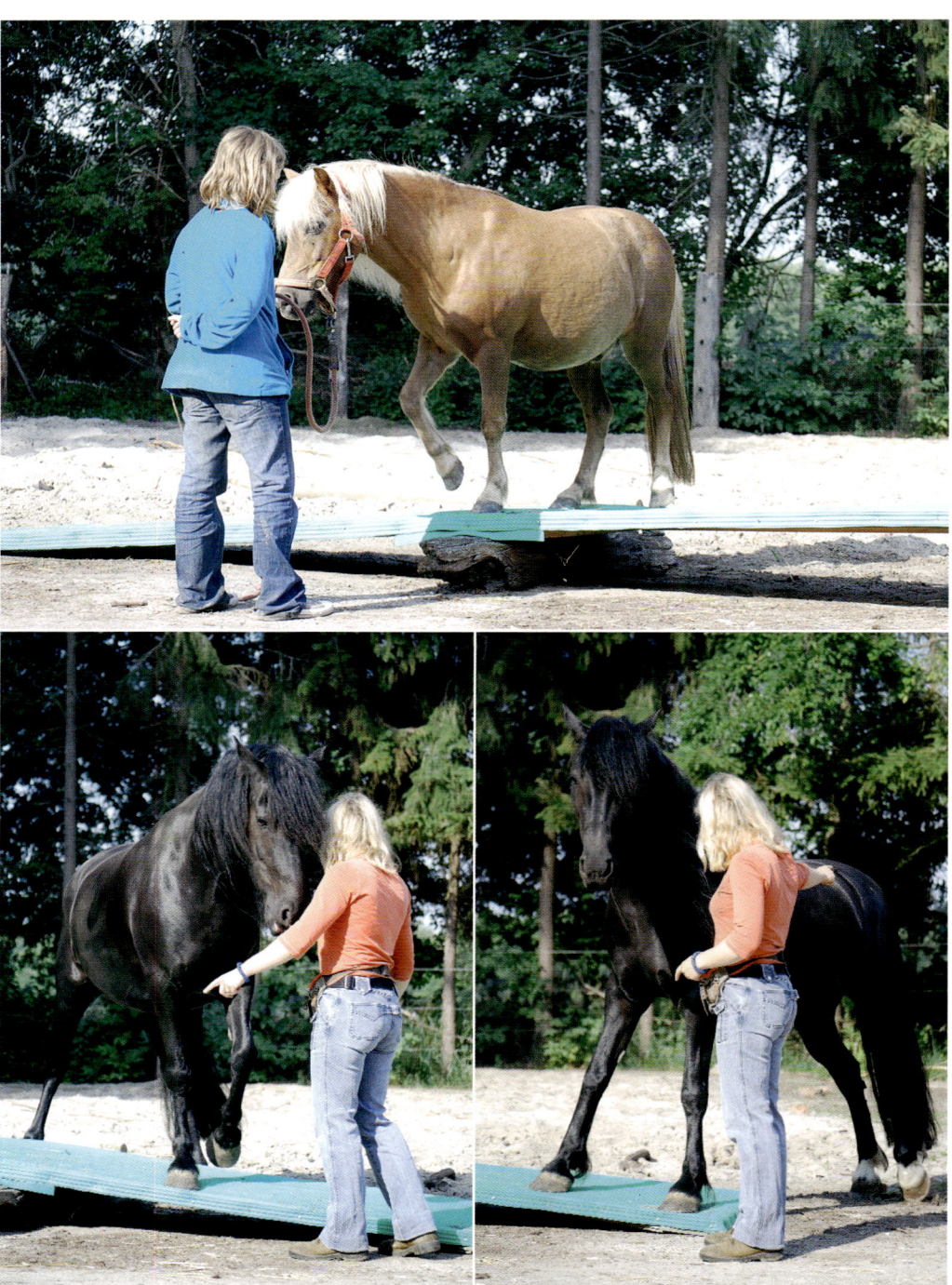

Für kleine und große Profis: Seitwärts über die Wippe.

Der Nutzen der Wippe

Vertrauen schaffen.

Tiefenmuskulatur stärken.

Körperwahrnehmung
verbessern.

Bei der Seitwärtsübung:
extrem gute Lockerung von
Schultern und Becken.

Begeisterte Zuschauer.

Vorbereitung aufs Verladen.

Bei Pferden mit häufigen Verspannungen im Bereich des Kreuz-Darmbeins tut auch ein kleines Kippelbrett hervorragende Dienste, wenn Sie dem Pferd beibringen, sich mit der Hinterhand darauf zu stellen und hin- und herzuwippen.

Das Podest

Ein Podest kann man sich schnell und preiswert aus zwei aufeinandergeschraubten Paletten herstellen, wobei Sie die Zwischenräume der obersten Palette mit Latten verschrauben und darauf noch eine Gummimatte befestigen. So haben Sie ein wundervolles Gerät für viele schöne Übungen.

Die Annäherung an das Podest erfolgt wie bei Wippe, Brettern oder anderen neuen Geräten: Schritt für Schritt, Click für Click.
Lassen Sie das Pferd zunächst mit den Vorderhufen auf das Podest steigen. In der Regel lieben Pferde erhöhte Aussichtspunkte und Ihrem Pferd wird es schnell in dieser Position gefallen. Wie-

Eine Vorübung fürs Podest.

Mit allen Vieren auf das Podest.

Erst wenn Sie das Gefühl haben, dass Ihr Pferd wirklich mit dem Gerät vertraut ist, dann fragen Sie ab, ob es auch mit allen vier Hufen darauf steigen kann. Achten Sie dabei darauf, dass Sie zunächst nur das Anheben des Hinterbeines clicken. Eventuell können Sie wieder eine zweite Person bitten, mit zu schauen, falls Sie alleine nicht alles im Blick haben können.

Das Pferd muss nämlich etwas Schwung holen, ohne dann vorne gleich wieder herunterzufallen; das erfordert schon einiges an Mut, Überwindung und Körperbeherrschung. Steht es mit allen Vieren oben, geben Sie eine Extrabelohnung und sparen Sie nicht mit Begeisterung. Sollten Sie erreichen, dass das Pferd vor Stolz einige Zentimeter wächst, dann war die Belohnung richtig.

Kann das Pferd erst einmal sicher auf das Podest aufsteigen, können Sie es um sich selbst drehen lassen, um Gleichgewichtssinn und Körperbeherrschung zu schulen. Sie können es vorwärts absteigen lassen und es in der Position zwei Hufe oben und zwei Hufe unten eine Weile verharren lassen. Beim Vorwärtsabsteigen achten Sie bitte auf eine tiefe Kopfhaltung, damit die Wirbelsäule nicht gestaucht wird.

Sie können das Pferd auch rückwärts absteigen lassen, was wieder einiges Mehr an Vertrauen erfordert.

Eine große Hilfe für all diese Übungen kann der Nasentarget (siehe Seite 44) sein, mit dem Sie dem Pferd deutlich machen können, was Sie von ihm wollen.

Mit dem Hüfttarget (siehe Seite 49) können Sie das Pferd dazu bringen, das Podest mit den Hinterbeinen zu umrunden, während die Vorderbeine oben mitwandern.

derholen Sie das eine ganze Weile, wobei Sie es am Ende der Übung immer wieder rückwärts runter gehen lassen. Achten Sie darauf, dass Sie das Signal zum Zurückgehen geben, **bevor** das Pferd entscheidet, von sich aus zurückzugehen. Dafür müssen Sie Ihr Pferd gut beobachten und vorausschauend handeln; das Pferd lernt so von Anfang an, dass es nur auf Ihr Signal hin das Gerät wieder verlässt.

Pferde mit sehr gut trainierter Hinderhand und viel Vertrauen können Sie auch aus dem halben Absteigen (Vorderhufe unten, Hinterhufe oben) wieder rückwärts aufs Podest aufsteigen lassen. Binden Sie vor dieser Übung den Schweif Ihres Pferdes mit einem Knoten hoch, damit es sich nicht darauf tritt.

Rückwärts eine Stufe hoch

Ganz fortgeschrittene Pferde können Sie auch rückwärts ans Podest hinführen und komplett rückwärts aufsteigen lassen.

Der Treckerreifen

Treckerreifen werden gerne als Heuraufe benutzt. Darüber hinaus kann Ihr Pferd mit diesem Spielgerät sein Gleichgewicht, seine Koordinationsfähigkeit und sein Vertrauen in bewegliche Untergründe schulen.

Sie üben die Annäherung wie an das Podest (Seite 71) und clicken, wenn Ihr Pferd den Huf anhebt und auf den Reifen setzt.

Rückwärts eine Stufe hoch.

Balance-Akt auf dem Traktorreifen.

Beim zweiten Huf wird es richtig interessant, denn je nach Gewicht des Pferdes und Alter des Reifens gibt der Reifen mehr oder weniger stark nach, wenn das Gewicht der Vorhand auf ihm lastet. Achten Sie deswegen auf eine hohe Belohnungsrate, damit das Pferd vor lauter Konzentration auf seine Aufgabe dem wegsackenden Untergrund nur wenig Beachtung schenkt. Ideal ist es, wenn Sie möglichst präzise den Moment der Lastaufnahme bzw. des Nachgebens vom Reifen erwischen.

Als zweites lassen Sie es einen Schritt vorgehen indem es die Vorderhufe in den Reifen stellt.

Dann geht es wieder darum, die Vorderhufe auf den Reifen zu clicken. Die meisten Pferde werden dann erst einmal sehr lang, weil sie die Hinterhand bei so einer Aufgabe gerne stehen lassen und hinter dem Reifen »vergessen«.

Nun müssen die Hinterhufe mit auf den Reifen. Belohnen Sie anfänglich jedes Zucken und Anheben des Hinterbeins, denn diese Aufgabe ist eine echte Herausforderung. Die »Kniebeugen-Übung« (Seite 51) kann im Vorfeld eine große Hilfe sein, denn auf diese Weise wird sich Ihr Pferd seines Hinterbeines sehr bewusst und in die Lage versetzt, es isoliert zu bewegen bzw. anzuheben. Sie können auch mit einer Hilfsperson arbeiten, die das Bein berührt, welches auf dem Reifen abgesetzt werden soll. Diese kann Ihnen auch mitteilen, ob der Huf nur berührt oder ob tatsächlich das Bein belastet wird; so können Sie genauer arbeiten.

Steht Ihr Pferd mit allen vier Hufen auf dem zusammengesackten Reifen, haben Sie gute Arbeit geleistet.

Variationen

 nur mit den Vorderhufen auf den Reifen, Hinterhuf auf der Erde und mit seitlichen Schritten den Reifen umrunden (beide Richtungen üben!)

das Pferd dreht sich um sich selbst, wobei alle vier Hufe auf dem Reifen bleiben

Es kann bei dieser Übung sinnvoll sein, die Fesselbeuge durch Gamaschen zu schützen, denn bei zu schnellem Vorgehen kann das Pferd sich erschrecken und mit der Fesselbeuge am Rand des Reifen hängen bleiben.

Lektionen mit Ganzkörpernutzen

Zirkuslektionen sind faszinierend und haben doppelten Nutzen. Es handelt sich zum einen um vertrauensbildende Übungen, die sehr viel Spaß machen; zum anderen trainieren sie gleichermaßen Körper und Geist des Pferdes. Nach Moshé Feldenkrais führt ein beweglicher Körper zu einem beweglichen Gehirn. Ihr Pferd wird also durch sinnvolles Training immer beweglicher werden und auch immer mehr mitdenken.

Bergziege

Bei der Übung Bergziege geht es darum, die Hinterbeine so nah wie möglich an die Vorderbeine heranzubringen, was maximal die Oberlinie dehnt, wenn der Kopf des Pferdes dabei gesenkt ist. Hierbei geht es nicht nur darum, dass das Pferd die Aufgabe versteht. Es muss auch körperlich in die Lage versetzt werden, diese Übung auszuführen, was je nach Grundlagen bis zu 6 Monaten dauern kann. Wir werden hier vier verschiedene Möglichkeiten vorstellen, wie Sie diese Übung trainieren können. Keine davon beinhaltet, dass das Pferd touchiert oder in irgendeiner Weise zu dieser Übung gezwungen wird.

Die Übungen, die wir hier vorstellen, sind Beispiele, bei denen die Hinterhand aktiv ist. So haben wir den Nutzen schon auf dem Weg zum

Die »Bergziege« auf dem Podest.

Ziel. Das Pferd lernt, die Hinterhand unter den Schwerpunkt zu bringen. Mit jedem Schrittchen des Hinterhufes, der vorwärts geht, etablieren Sie die reiterlich gewünschte Lastaufnahme und das Untertreten der Hinterhand.

Huf anheben

Jedes Pferd kennt »Hufe geben«. Wir wollen das so verfeinern, dass ein leichtes Signal genügt und es freudig und gerne den Huf gibt, ohne dass Sie ihn unter Einsatz von Körperkraft hochziehen müssen.

Schritt 1: Überlegen Sie sich ein Signal für diese Übung. Das könnte ein Wort sein, z.B. »Fuß«, oder auch ein Handzeichen, wie ein kurzes Antippen des Beines. Geben Sie nun das Signal und nehmen Sie den Huf hoch. In dem Moment, in dem das Pferd den Huf gerade vom Boden abhebt, kommt der Click und es gibt eine Belohnung. Nach dem Click können Sie den Huf sofort wieder abstellen, auch wenn er nur wenige Zentimeter gehoben wurde.

Schritt 2: Wiederholen Sie das so lange, bis Ihr Signal ausreicht, damit das Pferd den Huf vom Boden abhebt. Dann können Sie immer mehr Höhe verlangen. Jetzt haben Sie ein Pferd, mit dem Hufeauskratzen ein Kinderspiel ist und die Grundlage für die Bergziegen-Übung

Schritt 3: Geben Sie jetzt das »Fuß«-Signal und clicken Sie nur noch, wenn der Fuß ein Stückchen nach vorne geführt wird. Es reichen wirklich Millimeter, aber die Vorwärtsbewegung soll unbedingt dabei sein. Nach mehr oder weniger vielen Wiederholungen (das hängt von der Clickererfahrung Ihres Pferdes ab) wird es den Fuß ganz bewusst immer weiter nach vorne setzen.

Denken Sie daran, nur das vom Pferd zu verlangen, was es auch leisten kann. Es bringt nichts, wenn Sie etwas verlangen, wozu es körperlich überhaupt nicht in der Lage ist oder was sogar Schmerzen bereitet.

Schritt 4: Kann das Pferd auf Ihr Signal beide Füße einzeln nach vorne setzen, geben Sie das Signal abwechselnd rechts und links, bzw. immer am weiter hinten stehenden Huf. Es wird dann nicht mehr nach jeder kleinen Bewegung belohnt, sondern kann auch zwei oder später drei Mal die Hufe jeweils nach vorne bewegen, um dann immer mehr zu dem Endziel der Bergziege zu kommen.

Um den gymnastischen Wert dieser Übung zu erhöhen, lassen Sie das Pferd immer nach vorne aus dieser Übung heraus gehen. Das fördert das kräftige Abfußen der Hinterbeine.

Auf deine Matte

Schritt 1: Besorgen Sie sich eine Matte, die von der Größe her passt, dass Ihr Pferd sich mit allen vier Hufen darauf stellen kann. Das kann eine Gummimatte sein oder ein alter Teppich. Legen Sie die Matte vor das Pferd und clicken Sie jede Annäherung. Das kann zuerst sogar nur ein Blick sein, ein Beschnuppern, dann der erste Schritt darauf zu usw.

Schritt 2: Clicken Sie nur noch, wenn das Pferd mindestens mit einem Vorderhuf auf die Matte tritt. (Achtung: Nicht clicken, wenn es scharrt!) Bleiben Sie so lange bei Schritt 2, bis das Pferd – obwohl nur ein Fuß gefordert ist – mehrmals schon den zweiten dazugestellt hat. Über den Futterpunkt, der ziemlich weit über der Matte sein sollte, können Sie Ihr Training beschleunigen.

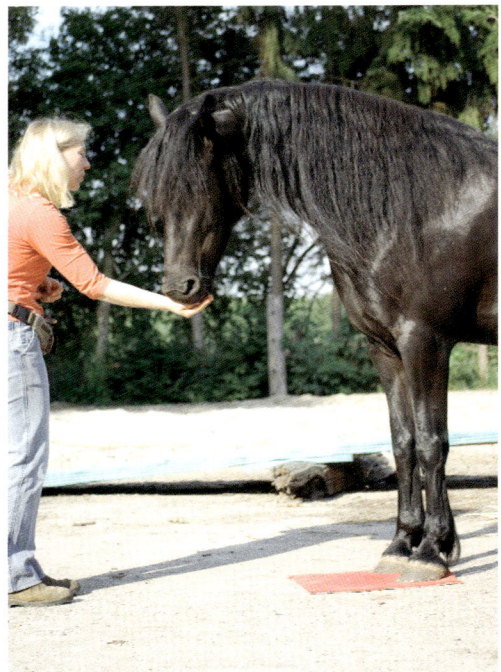

Auf der Matte.

Schritt 3: Jetzt verlangen Sie für einen Click zwei Vorderhufe auf der Matte. Das machen Sie wieder so lange, bis der Pferd noch weiter auf die Matte tritt und zufällig sowieso das ein oder andere Mal ein Hinterfuß mit dazukommt.

Schritt 4: Jetzt ist das Kriterium: mindestens drei Füße auf der Matte.

Schritt 5: Anschließend verlangen Sie alle vier Füße auf der Matte. Sie werden etwas Geduld haben müssen. Denn das Pferd muss auch das nötige Körpergefühl entwickeln. Je besser die Matte sich vom Untergrund unterscheidet, desto leichter wird es dem Pferd fallen, alle vier Füße darauf zu platzieren.

Schritt 6: Hat das Pferd das Prinzip der vier Füße auf der Matte verstanden, können Sie die Matte Stück für Stück verkleinern und dasselbe fordern. Dafür muss es dann die Füße immer mehr zusammenschieben. Denken Sie auch hier wieder daran, dass das Pferd erst körperlich in der Lage sein muss, seine Oberlinie so weit zu dehnen. Den Futterpunkt sollten Sie bei der ganzen Übung ziemlich tief halten. So bekommen wir nämlich die tiefe Kopfhaltung, die für diese Übung so wichtig ist.

Bergziege auf dem Podest

Geht Ihr Pferd – wie auf Seite 71 beschrieben – zuverlässig und gerne auf das Podest von ca. 1 x 1 Meter Größe, können Sie ihm ein kleineres präsentieren. Eine Größe von 75 x 75 Zentimetern ist ein sinnvoller nächster Schritt. Bei kleineren Pferden muss man natürlich kleiner denken. Messen Sie bei Ihrem Pferd einfach aus, wie lang die Strecke zwischen Vorder- und Hinterbein ist, wenn es entspannt steht. Aufgrund dieser Messwerte können Sie dann die Größen anpassen.

Die Bergziege auf dem Podest ist körperlich schwieriger als auf der Matte. Das Pferd muss die Hinterbeine nämlich nicht nur vor-, sondern auch hochsetzen. Die Balance zu halten ist viel schwieriger.

Mental ist sie einfacher, weil die Unterstützungsfläche räumlich deutlich begrenzt ist.

Für ein durchschnittliches Warmblut ist als Ziel ein rundes Podest mit 50 cm Durchmesser schon durchaus zirkusreif. Sie können das Ganze dann noch durch eine Drehung um die eigene Achse mit Hüfttarget toppen.

Hinterhuftarget

Bei der Gymnastikübung »Hinterhufe unter den Bauch« (siehe Seite 53) hat Ihr Pferd bereits gelernt, die Hinterhufe weiter nach vorne zu setzen als im normalen entspannten Stand. Jetzt clicken Sie zentimeterweise die Hinterhufe nach vorne. Sie werden hier eine Seite bemerken, bei der es dem Pferd leichter fällt. Mit dieser Seite beginnen Sie und holen den rechten bzw. linken Hinterhuf nach. Machen Sie es sich bequem und achten Sie auf eine ausreichende Länge Ihres Targetstabes, damit Sie nicht unter den Bauch des Pferdes kriechen müssen.

Lassen Sie das Pferd beim Auflösen der Bergziege wenn möglich nach vorne weggehen. Damit können Sie nämlich die Energie der Hinterhand für einen guten Vorwärtsschub nutzen.

> **! Nutzen der Bergziege**
>
> Dehnung der Oberlinie.
>
> Dehnung der langen Sitzbeinmuskeln.
>
> Förderung des Körperschemas zum Untertreten.
>
> Showeffekt.

Hinterhuftarget auf dem Podest.

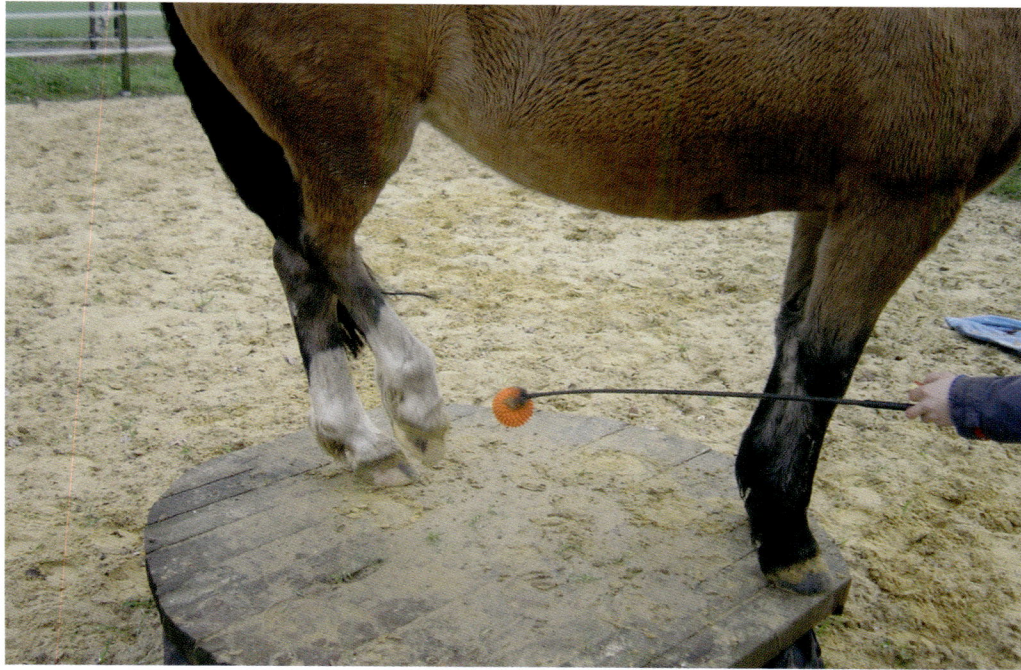

Sport-Kompliment

Mit dem Sport-Kompliment haben Sie nicht nur eine weitere hübsche Übung für die nächste Weihnachtsfeier, sondern wiederum ein vertrauensbildendes Training, das sich positiv auf die Beweglichkeit und den Gleichgewichtssinn Ihres Pferdes auswirkt. Wir haben das eigentliche Kompliment dahingehend abgeändert, dass das Pferd letztendlich gar nicht mit den Karpalgelenken auf den Boden kommen soll. Die Karpalgelenksknochen sind nicht dazu gemacht, längere Zeit Gewicht aufzunehmen, schon gar nicht mit Reiter auf dem Pferd. Allerdings haben wir es hier auch mit einer schönen Dehnübung zu tun.

Training mit Target

Sie können das Kompliment einfach trainieren, indem Sie den Pferdekopf einem Nasentarget folgen lassen, den Sie dem Pferd zwischen den Vorderbeinen präsentieren. Um den Target zu erreichen, muss es seinen Körper nach hinten-unten bewegen und dafür die Vorderbeine nach vorne strecken. Sobald es verstanden hat, was es soll, achten Sie darauf, dass Sie dann clicken, wenn der Rumpf des Pferdes sich beim Senken des Kopfes nach hinten bewegt. Das machen Sie solange, bis das Pferd die Vorderbeine in einem spitzen Winkel zum Boden hält, sich also maximal dehnt.
Diese Variante ist vom Trainingsaufwand recht einfach, wirkt aber nicht ganz so ästhetisch wie das »richtige« Kompliment, bei dem der Kopf des Pferdes oben und ein Vorderbein angewinkelt ist.

Das »richtige« Kompliment

Hierbei benötigen wir mehrere Trainingsschritte, die jeweils erst gut gefestigt sein müssen, ehe wir sie zu einer Gesamtübung zusammenfügen.

Schritt 1: Vorderbein anwinkeln: Wie auf Seite 76 für das Anheben des Hinterhufs beschrieben, führen Sie auch die Übung für das Vorderbein durch. Sie geben also Ihr Signal, heben den Huf an und clicken sofort, wenn der Huf vom Boden abgehoben wird.

Schritt 2: Hebt das Pferd den Huf gut vom Boden ab, arbeiten Sie als nächstes an der Höhe. Verlangen Sie Stück für Stück mehr, bis das Pferd sein Röhrbein schließlich parallel zum Boden hält.

Schritt 3: Machen Sie jetzt ein kleines Spiel: »Kannst du das Bein auch hochhalten, wenn ich dagegendrücke?« Wecken Sie damit den Ehrgeiz des Pferdes, so dass es schließlich das Bein unter erschwerten Bedingungen hochhält.

Schritt 4: Bei angehobenem Huf achten Sie jetzt auf jeden Millimeter, den das Pferd sein Gewicht nach hinten verlagert. Hier sind wir wieder beim Microshaping (siehe auch Seite 54). Um diesen Hauch einer »Bewegung nach hinten« wahrzunehmen, können Sie entweder hinschauen oder an geeigneter Stelle eine Hand ans Pferd halten, wenn Sie lieber und besser fühlen. Formen Sie das Pferd so bei angewinkeltem Vorderbein Stück für Stück nach hinten unten, bis es schließlich »auf die Knie« geht. Dem Pferd fällt diese Übung leichter, wenn die Unterstützungsfläche größer als normal (siehe Messung Seite 77) ist. Das bedeutet, dass es die Hinterbeine nach hinten herausstellt. Hat Ihr Pferd die Übung verstanden, wird es sich von alleine schon passend hinstellen.

Schritt 5: Führen Sie ein Signal für die Übung ein, sobald Sie sich sicher sind, dass das Pferd sie fließend und gekonnt ausführt.

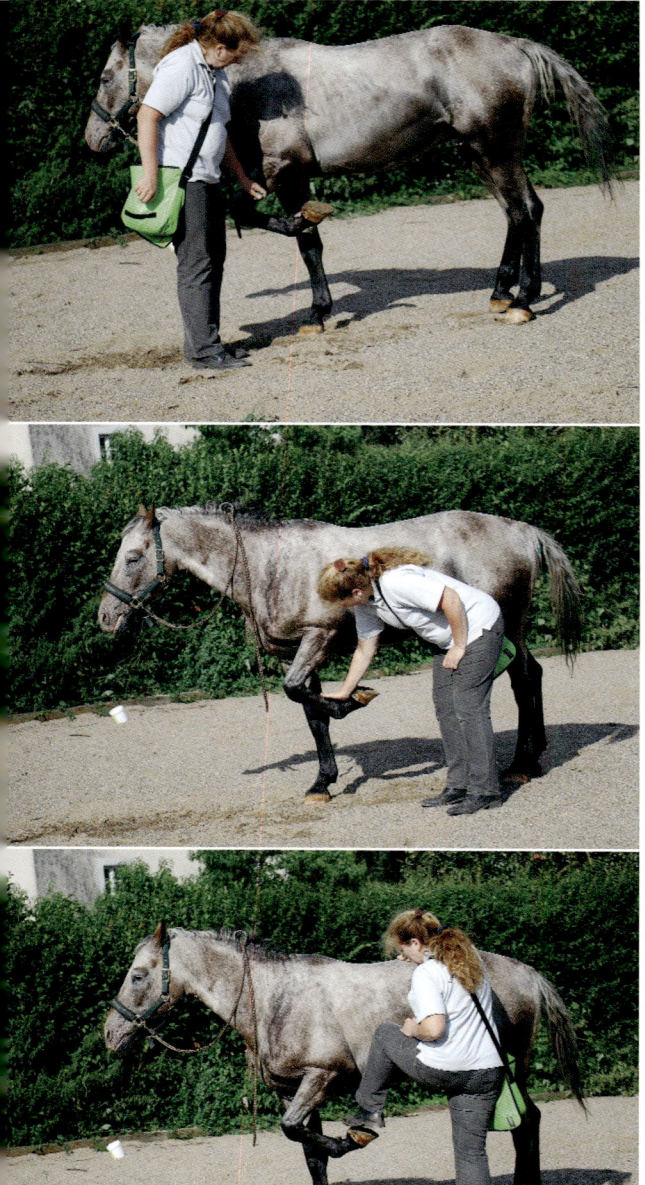

Vorderhuf hoch – auch gegen Widerstände.

> ! **Der Nutzen des Kompliments**
>
> Dehnung der Schultermuskulatur.
>
> Besserer Raumgriff.
>
> Showeffekt.
>
> Verbesserung von Balance und Körperbewusstsein.

Wir empfehlen dringend, diese Übung beidseitig zu trainieren. Es wird nämlich extrem auf einer Seite in die Dehnung gearbeitet, was – einseitig durchgeführt – eine vorhandene Schiefe noch verstärken könnte. Achten Sie außerdem auf entsprechend weichen Untergrund, falls das Pferd doch mal mit den Karpalgelenken den Boden berühren sollte.

Haben Sie die Übung auf diese Weise trainiert, haben Sie wirklich schon ein kleines Gesellenstück in Sachen Training vollbracht. Sie schulen damit nicht nur Ihr Pferd, sondern auch Ihre eigenen Trainingsfähigkeiten, was Ihnen wiederum für viele andere Übungen zugute kommen wird.

Hinsetzen und Hinlegen

Wer jemals neben einem liegenden Pferd saß, weiß wie wunderschön dieser Vertrauensbeweis ist. Wenn Sie das Hinlegen über Clickertraining erreichen, wachsen Sie und Ihr Pferd noch mehr zusammen. Wieder gibt es verschiedene Möglichkeiten des Trainings.

oben: Sport-Kompliment.
unten: Das Wälzen mit dem Clicker
einfangen.

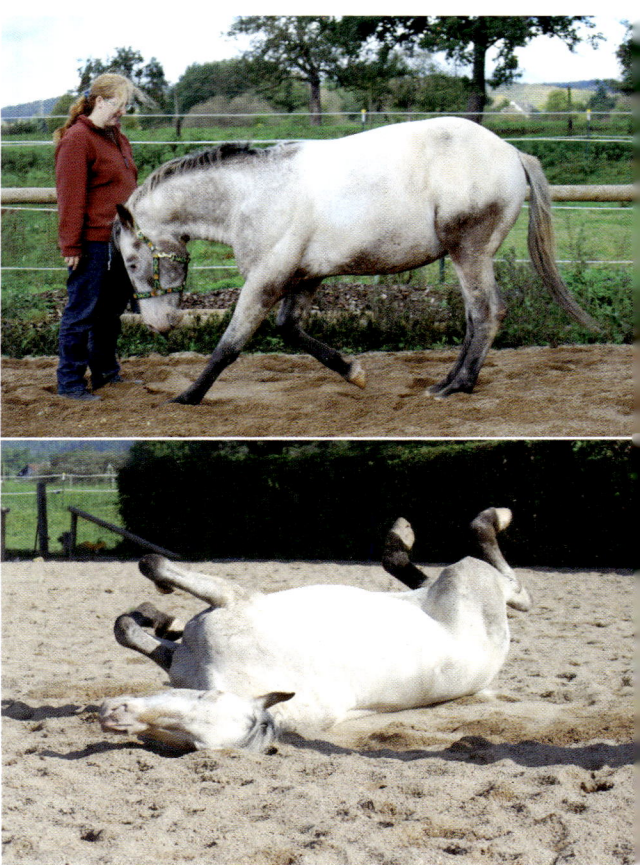

Einfangen

Haben Sie ein Pferd, das sich gerne in der Reithalle z.B. zum Wälzen hinlegt, können Sie das mit dem Clicker »einfangen«. Achten Sie darauf, dass Sie wirklich den Moment des Hinlegens clicken und nicht erst, wenn das Pferd sich schon wälzt. Das ist zwar auch eine schöne Übung, aber wir wollen ja hier das Hinlegen.

Springt das Pferd nach dem Click auf, ist das in Ordnung. Geben Sie ihm eine köstliche Belohnung, wälzt es sich anschließend, scheinbar ohne auf den Click zu reagieren, ist das auch in Ordnung. Dann ist das Wälzen nämlich in dem Moment die größte Belohnung für das Pferd. Auf jeden Fall verstärken Sie auf diesem Weg das Hinlegen. Die Wahrscheinlichkeit, dass sich das Pferd in Ihrem Beisein legt, steigt. Irgendwann verwetten Sie hundert Euro, dass das Pferd sich mit Sicherheit hinlegen wird. Dann wird es Zeit, das Signal dazu einzuführen.

Bei Pferden, die sich für ihr Leben gern wälzen, kommt dann auch der Augenblick, in dem Sie dieses unterbinden müssen, wenn Sie ein »sauberes« Liegen wollen. Das erreichen Sie am besten über ein intergalaktisch gutes Leckerchen. Das Leckerchen muss noch besser sein als das Wälzen. Sie können auch direkt das Wälzen auf Signal setzen und dem Pferd für ein schönes Liegen das Signal zum Wälzen geben. Auch in dem Fall ist es aber sinnvoll, das Liegen extra zu belohnen.

Frei Formen

Möchten Sie das Liegen frei formen, ist es sinnvoll, dass Sie sich genau ansehen, wie Ihr Pferd sich hinlegt, am besten mit Video. Was macht es unmittelbar davor? Wie leitet es das Hinlegen ein? Oft schnüffeln die Pferde am Boden, scharren mit den Hufen oder drehen sich im Kreis. Schauen Sie sich das Vorgehen des Pferdes beim Hinlegen genau an. Und daraus erarbeiten Sie die Belohnungskriterien Schritt für Schritt. Das Pferd kommt damit in Hinlege-Stimmung. Wenn es Ihnen also gelingt, es weit genug in diesen

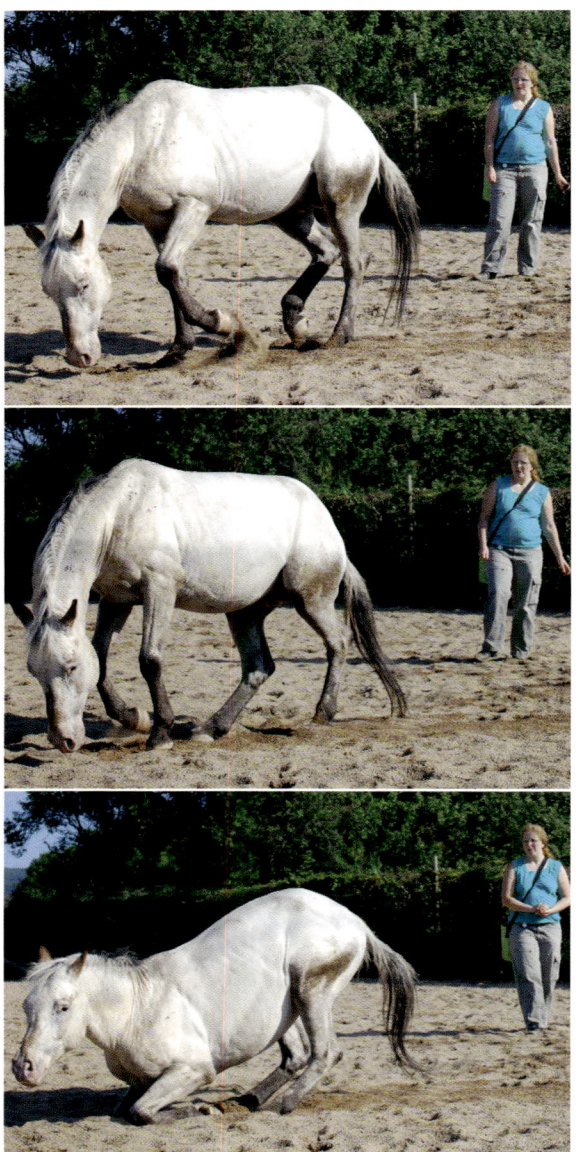

Frei formen ins Liegen.

chen Sand einer Reithalle. Erst wenn Sie das Verhalten gut unter Signalkontrolle haben, können Sie das Hinlegen auch einmal an einem anderen Ort verlangen.

Hat das Pferd die Übung gut verstanden, beobachten Sie einmal, auf welcher Seite des Pferdes Sie stehen und wie es sich dabei hinlegt. Außerdem beobachten Sie Ihr Pferd, wenn es sich in seiner Freizeit hinlegt. Auf welche Seite legt es sich? Wahrscheinlich legt es sich immer so, dass seine kürzere Seite auch beim Liegen die kürzere ist.

Trainieren Sie, dass das Pferd sich jeweils auf die linke Seite legt (und diese dehnt), wenn Sie an seiner rechten Seite stehen und auf die rechte, wenn Sie an seiner linken Seite stehen; damit können Sie sozusagen »im Schlaf« die kürzere Seite verlängern.

Formen übers Kompliment

Bei Pferden, die das Kompliment schon sicher beherrschen, kann das Liegen über diese Übung aufgebaut werden. Dazu geben Sie das Signal für »Hufgeben« an dem ausgestreckten Bein, damit es dieses auch einklappt. Belohnen Sie anfangs jeden Versuch. Ihr Pferd muss erst lernen, sein Gewicht auf das kniende Bein zu verschieben, um das gestreckte anwinkeln zu können.

Das Knien allein ist übrigens auch schon eine schöne Übung, die Sie auf Signal setzen können. Aus der knieenden Position wird das Pferd das Liegen vielleicht schon von allein anbieten, besonders wenn Sie diese Übung auf weichem Sandboden durchführen. Ansonsten haben Sie

Vorgang »hineinzuformen«, wird es sich hinlegen, weil ihm auf einmal danach ist.

Sie können sich das Training erleichtern, indem Sie die Übung an einem Ort machen, wo das Pferd sich sowieso gerne hinlegt, z.B. in den weidie Möglichkeit, jede Bewegung mit der Kruppe nach unten zu clicken. Oder Sie veranlassen es über den Schultertarget, der dazu seitlich unten geführt wird, sein Gewicht in Richtung Boden zu verschieben.

Sitzen

Haben Sie dem Pferd erst mal das Hinlegen beigebracht, ist das Sitzen kein Problem mehr. Denn das ist ja der Weg, über den sich das Pferd letztendlich wieder auf seine 4 Beine stellt. Sie brauchen also nur eine der Phasen des Aufstehens zu stoppen, indem Sie clicken und mit einem super guten Leckerchen belohnen (je nachdem, wie gestreckt Sie das Bein haben wollen, stoppen Sie früher oder später). Das Stoppen ist unter Umständen für das Pferd recht anstrengend, weil es normalerweise mit Schwung aufstehen will. Ihr Leckerchen muss es also Wert sein, den Vorgang des Aufstehens zu unterbrechen.

Hat das Pferd beide Übungen gut verinnerlicht und die nötige Kraft entwickelt, können Sie auch einmal versuchen, ob Sie das Pferd aus dem Sitzen z.B. mit Target wieder zum Hinlegen bringen können.

Flach auf die Seite legen

Möchten Sie das Pferd flach auf die Seite legen, können Sie entweder aus der wie oben auftrainierten Übung den Pferdekopf mit Target oder Leckerchen auf den Boden führen.

Sie können aber auch den Wälzvorgang etwas später unterbrechen, eben dann, wenn das Pferd schon auf der Seite liegt.

Das Schwierigste an dieser Übung ist das sekundenweise Hinauszögern des Clicks. Sie müssen nämlich clicken, bevor das Pferd aufsteht oder sich weiterrollt. Wenn Sie diesen Moment verpassen, waren Sie zu langsam. Dennoch wollen Sie ja dem Pferd vermitteln, dass es länger und län-

Sitzen: Unterbrechen Sie mit einem Leckerchen den Vorgang des Aufstehens.

ger in dieser Position verharrt. Dafür ist es unter Umständen nötig, eine Sekunde zu unterteilen. Das können Sie durch Zählen im Kopf. Eine Sekunde wäre »Ein-und-zwan-zig«. Eine halbe Sekunde demnach »Ein-und«. Das stimmt vielleicht nicht mit den wirklichen Sekunden überein, aber Sie haben ein Maß, mit dem Sie objektiv die Leistung des Pferdes messen können.

Nutzen von Kompliment, Sitzen und Hinlegen

Vertrauen schaffen.

Die Beweglichkeit fürs Hinlegen und Aufstehen bis ins hohe Alter erhalten.

Speziell beim Sitzen: Kräftigung der Schultern.

Ausgleich der Asymmetrien.

Festliegeprävention.

4 Pferd in Bewegung

Pferd in Bewegung

Die Lockerung aus dem Stand wollen wir jetzt in die Bewegung mitnehmen und noch weiter ausdehnen. Schließlich ist unser Ziel ja das Reiten. Ein ganz enormes Potenzial bergen dabei langsame und bewusste Bewegungen. Diese bewirken eine bessere Vernetzung von Nervensystem und Muskulatur, wodurch neue Bewegungsmuster geschaffen werden, auf die das Pferd dann auch in schnelleren Bewegungsabläufen zurückgreifen kann. So könnte z.B. ein Pferd, das sich in der Galopppirouette schlecht setzt und nicht durchspringt, von der auf Seite 51 beschriebenen Übung des Kniebeugens profitieren. Zudem erhalten wir damit den Aspekt der Leichtigkeit und Freude an der Bewegung, statt sich zu sehr auf das Problem in der Lektion zu versteifen.

▬ Mit tiefem Hals fleißig laufen

Wir wollen mit dieser Übung erreichen, dass sich das Pferd unter dem Zusatzgewicht des Reiters neu ausbalancieren kann und dass sein Rücken tragfähig wird. Hat das Pferd gelernt, mit tiefem, langem Hals und fleißig vortretenden Hinterbeinen in Dehnungshaltung zu laufen, entsteht ein »tragfähiger« Spannungsbogen. Die Rückenmuskulatur selbst wird dabei rhythmisch an- und abgespannt. Über den Zug des Nackenbandes bei richtiger Halshaltung und die korrekte Arbeit der Bauchmuskeln, die die Hinterbeine nach vorne ziehen, werden die Dornfortsätze der Sattellage auseinandergezogen und der Rücken kann sich zum Spannungsbogen aufwölben. Hierbei wirkt die Verkettung der langen Sitzbeinmuskeln mit den Kruppen- und Rückenmuskeln.

»**Vorwärts-abwärts in Dehnungshaltung**« ist eine Basisübung der Reiterei, da das junge Pferd damit lernt, das Reitergewicht ohne gesundheitliche Nachteile mit seiner Muskulatur statt mit seinem Skelett zu tragen. Das korrekte Vorwärts-abwärts sollte bei jedem Pferd jederzeit abrufbar sein und ist ein Prüfstein für die Rittigkeit Ihres Pferdes.

Das Antreten

Im vorangegangenen Training hat das Pferd schon das Signal dafür gelernt, dass es seinen Hinterhuf nach vorne nehmen soll (siehe Huftarget, Seite 53). Um von Anfang an ein schönes Antreten zu bekommen, müssen wir dieses Verhalten auf ein brauchbares Signal setzen. Das könnte z.B. die Hand im vorderen Rippenbereich sein, wo beim Reiten später die Unterschenkel liegen.

Sie stehen also neben dem Pferd, legen kurz die Hand an die Schenkellage und präsentieren dann den Huftarget. Wiederholen Sie das solange, bis die Hand alleine das Verhalten auslöst, der Huf also beim Anlegen der Hand gut nach vorne gesetzt wird.

Als nächstes brauchen wir die Bewegung. Wiederholen Sie noch einmal die Übung des höflichen Führens mit Training des Wortsignals zum Losgehen (siehe Seite 24).

Dann werden beide Übungen kombiniert. Sie geben Ihrem Pferd also das Handsignal an der

oben: Die Hinterhand tritt gut vor und das Pferd lässt den Hals fallen. Dadurch kommt der Rücken hoch und wird tragfähig.

mitte: Signal zum Antreten.

unten: Signal zum Seitwärtsgehen.

Seite, um das Hinterbein vorzubringen und geben ihm gleichzeitig das Losgeh-(Wort)Signal. Belohnen Sie jede Absicht Ihres Pferdes, es Ihnen irgendwie recht zu machen. Es ist gar nicht so einfach, sich auf 2 Dinge gleichzeitig zu konzentrieren. Das werden Sie vielleicht auch beim Geben der Signale merken. Ihrem Pferd fällt es noch schwerer, denn es muss zwei Übungen kombinieren, die es aus unterschiedlichen Zusammenhängen kennt.

Lassen Sie dem Pferd also die Zeit, die es braucht, diese beiden Übungen zu kombinieren. Der Lohn ist dann ein Pferd, was auf Signal schön von hinten nach vorn antritt, vom ersten Schritt an Gewicht mit der Hinterhand aufnimmt und im Gleichgewicht in die Bewegung hineinkommt.

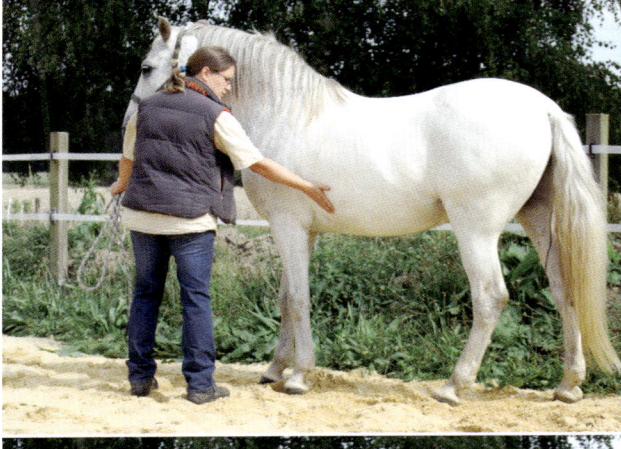

Die Kopfhaltung

Bei der Haltung des Kopfes gibt es viele unterschiedliche Theorien, was wohl für das Pferd und für das Reiten am vorteilhaftesten ist. Wir beginnen hier mit einer offenen und tiefen Kopfhaltung, weil uns das gerade aus therapeutischer Sicht gut gefällt. Denn wir haben es in der Regel nicht mit lockeren Pferden, sondern häufiger mit verspannten zu tun. Was in der Therapie hilft, ist als Vorbeugung in der normalen Arbeit nur recht und billig. Sie können die Prinzipien aber auch für jede andere Hals- und Kopf-Haltung anwenden, sofern sie dem Ausbildungsstand und der

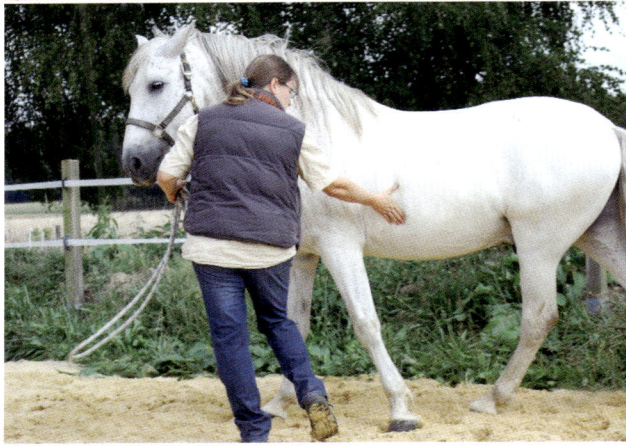

Anatomie des jeweiligen Pferdes entspricht. Das ist das Schöne am Clickern. Sie können dem Pferd ziemlich schnell klar machen, was Sie von ihm haben wollen, wenn Sie das gewünschte Ziel vor Augen haben.

Entsprechend einfach ist das Training der optimalen Kopfhaltung. Sie brauchen lediglich nur dann zu clicken, wenn das Pferd den Kopf in der erwünschten Haltung hat. Sollte es die von Ihnen gewünschte Haltung von alleine nicht einnehmen, dann müssen Sie sie frei formen. Stellen Sie sich also wie bei einem Daumenkino die einzelnen Bilder bis zu der von Ihnen gewünschten Haltung vor und clicken Sie eben den Weg dahin.

Zion bietet Katja im freien Formen das Senken des Kopfes an.

Im Training gibt es den schönen Satz: **»We click for action and feed for position.«** Sie clicken also, wenn das Pferd sich Ihrem gedachten Ideal etwas annähert und füttern es dann genau in der Position, in der Sie es haben wollen. Füttern Sie das Pferd immer in genau dieser erwünschten Position (was übrigens auch für alle anderen Übungen gilt), verknüpft sie das Pferd mit »sehr angenehm« und es nimmt sie irgendwann ganz automatisch ein.

Beim Clickertraining gilt allerdings – wie bei der traditionellen Ausbildung auch – dass man sich gar nicht zu sehr darauf konzentrieren sollte, den Kopf in die richtige Form zu bekommen, wenn das Hinterteil nicht »dazu passt«. Achten Sie also immer zuerst auf die Beine und den Rücken, der Kopf folgt in der Regel von alleine oder kann dann noch etwas »nachgeformt« werden.

Genick öffnen

Im Gegensatz zum traditionellen Training haben wir mit dem Clickertraining die Möglichkeit, das Pferd auf Signal das Genick öffnen zu lassen, was sonst nur mit einer Stange als Zügel möglich wäre.

Wieder haben wir die Möglichkeit des freien Formens, womit Sie nun schon vertraut sind. Eine andere Möglichkeit ist die Benutzung eines Targets. Bringen Sie das Pferd zunächst in eine Ausgangsposition, in der es im Genick ziemlich eng steht, indem Sie es in dieser Position füttern. Wahrscheinlich wird das Pferd nach dem Füttern den Kopf nach vorne nehmen, also das Genick öffnen; andernfalls helfen Sie mit dem Target. Das Öffnen des Genicks clicken Sie und belohnen wieder in recht enger Stellung.

Nach einigen Wiederholungen geben Sie, kurz bevor das Pferd fertig ist mit dem Leckerchen, das Signal »Genick auf« oder Ähnliches. Wieder wird es augenblicklich geclickt und belohnt. Wiederholen Sie auch das einige Male. Einige Male bedeutet jeweils ca. ein halbes Dutzend Mal an ebenso vielen unterschiedlichen Orten. Sie können sich auch ruhig schon mal auf das Pferd setzen für diese Übung. Vielleicht haben Sie in einer Halle einen Spiegel oder nehmen sich einen Helfer dazu, wenn Sie selber von oben nicht so genau sehen, wann Sie clicken müssten.

Dann geben Sie das Signal, wenn Sie nicht vorher extra eng gefüttert haben, z.B. als Abwechslung in einer anderen Übung. Versteht das Pferd schon, was Sie wollen? Wenn nicht, helfen Sie entweder mit dem Target nach, falls Sie diese Variante gewählt haben, oder Sie wiederholen die Übung noch öfter so, wie das Pferd sie kennt. Hat das Pferd das Signal verstanden, haben Sie beim Reiten immer die Möglichkeit, es das Genick öffnen zu lassen, falls es hinter den Zügel kommt.

Einzeln trainieren und zusammensetzen

Ein Charakteristikum des Clickertrainings ist es, jedes Verhalten in seine Bestandteile zu zerlegen, diese zunächst einzeln zu trainieren, um sie schließlich alle zusammenzusetzen. Wir haben bisher das Antreten und die Kopfhaltung. Jetzt wollen wir alles zusammensetzen und einen ausdrucksvollen Schritt daraus aufbauen. Denn wie heißt es so schön: Schritt ist die Mutter aller Gangarten.
Die Losgelassenheit des Pferdes, die wir mit den Vorübungen und durch das Training mit dem

Der Nutzen von »Mit tiefem Hals fleißig laufen«

Förderung von Losgelassenheit, Takt und Schwung.

Weiteres Lockern und Stärken der Muskulatur.

Aufbau eines positiven (erwünschten) Bewegungsmusters.

Vorbereitung für die vermehrte Lastaufnahme der Hinterhand.

Übung mit Ganzkörpernutzen.

Clicker erreicht haben, kommt uns dabei schon zur Hilfe. Denn das Pferd wird von Anfang an recht locker und im Takt losgehen. Den Schwung werden wir durch die folgende Übung fördern:
Sie gehen – ebenso locker wie das Pferd – neben ihm her. Legen Sie hin und wieder kurz Ihre Hand auf den von Ihnen gewählten Signalpunkt auf der Seite des Pferdes, z. B. an der Lage des Reiterschenkels. Machen Sie das genau in dem Moment des Abfußens des Ihnen zugewandten Hinterbeins. Sobald das Pferd auch nur ansatzweise darauf reagiert und den Fuß etwas mehr nach vorne setzt, clicken Sie wieder und füttern in Ihrer gewünschten Kopfhaltung. Dann sollten Sie natürlich auch clicken, wenn das Pferd mitdenkt und ohne Signal das Bein schön weit vorführt. So können Sie Stück für Stück das Untertreten des Pferdes verbessern.

● Gehen in Innenstellung und Schultervor

Als Vorbereitung für die gymnastisch wertvollen Seitengänge bringen Sie Ihrem Pferd das Gehen in Innenstellung bei. Die Muskulatur der Ihnen abgewandten Seite wird gedehnt und das innere Hinterbein auf vermehrte Lastaufnahme vorbereitet.

Führen Sie Ihr Pferd im Schritt auf dem Zirkel. Clicken Sie jetzt, wenn der Pferdekopf ansatzweise nach innen kommt und füttern Sie direkt, aber dennoch mit ausgestrecktem Arm, vor sich auf Bauchnabelhöhe. (Achtung: Das Pferd muss wirklich höflich sein, um diese Ausnahme von der Futterregel in angemessenem Abstand zu erlauben.) Durch diesen Futterpunkt erreichen Sie ziemlich schnell, dass der Pferdekopf immer weiter nach innen kommt. Später ist dieser Futterpunkt der Punkt, an den das Pferd seine Nase bringen muss, damit Sie clicken.

Wahrscheinlich werden Sie merken, dass dem Pferd eine Seite viel leichter fällt als die andere. Das hängt mit seiner natürlichen Asymmetrie zusammen. Wir wir Menschen hat es eine stärkere und eine schwächere Seite (eine gedehnte und eine hohle). Haben Sie einfach Geduld und lassen Sie dem Pferd die Zeit, die es braucht, um die Aufgabe auszuführen.

Hält das Pferd diese Position für mehrere Schritte, wird es Zeit, das Signal für diese Übung einzuführen. Ein Vorschlag wäre, dass Sie sich leicht dem Pferd zuwenden und die dem Pferd zugewandte Hand an die Stelle legen, an der Sie beim Reiten den Schenkel legen. Dann kann das Pferd nämlich deutlich unterscheiden, ob Sie wollen,

dass es gerade neben Ihnen geht (dann gehen Sie nämlich auch gerade) oder ob es sich in Innenstellung positionieren soll. Kennt Ihr Pferd diese Übung noch nicht unter dem Sattel, können Sie dieses Signal später mit dem Schenkel für das Reiten aufgreifen (Impuls mit dem inneren Schenkel als Signal für Innenstellung).

Gehen Sie dann dem Pferd zugewandt, können Sie auf das Auffußen des inneren Hinterbeins achten. Es sollte in Richtung des inneren Vorderhufes oder zwischen die beiden Vorderhufe auffußen. Bietet das Pferd Ihnen an, mit dem inneren Hinterfuß in die Spur des äußeren Vorder-

Kisa hat gelernt, auf Vivianes Handsignal den Kopf nach innen zu stellen.

hufes zu treten, entspricht dies schon der Stellung eines Schulterhereins auf dem Zirkel.

Führt das Pferd diese Übung gut aus, können Sie in der Innenstellungsposition aus dem Zirkel auf die lange Seite wechseln. So erarbeiten Sie sich Schritt für Schritt auch das Schulterherein auf der Geraden. Lassen Sie dem Pferd dabei die Zeit, die es braucht, um aus dem Zirkel auf die Gerade zu gehen. Sie ändern dabei die Richtung. Folgt das Pferd anfangs auch nur einen Schritt, wird es schon geclickt und gefüttert. Sobald Ihr Pferd für diese Übung bereit ist, wird es sie auch bereitwillig anbieten. Daher ist auch hier wieder Geduld gefragt.

Das Signal zum Rückwärtsgehen ist der rückwärts gehende Mensch.

Die Geduld bezieht sich noch nicht mal so sehr auf die Zeit. Insgesamt geht es nämlich relativ schnell. Sie bezieht sich viel mehr auf die kleinen Schritte am Anfang. Wir müssen uns beherrschen, nicht zu viel zu wollen. Belohnen Sie die ersten richtigen Ideen des Pferdes ruhig anfangs mehrmals. Geben Sie ihm danach Zeit, alles zu verarbeiten und später wird die Umsetzung umso leichter gehen. So bleibt das Training immer leicht und zwanglos. Das Pferd hat genug Erfolge und damit umso mehr Spaß an der Arbeit mit Ihnen.

Rückwärtsgehen

Rückwärtsgehen ist ein wertvoller Trainingsbestandteil für die Verbesserung der Koordination. Es hat überhaupt nichts mit Dominanz oder Strafe zu tun, wird jedoch oft als Strafe missbraucht. Die Übung ist an sich viel zu kostbar, als dass wir es zulassen können, dass das Pferd Sie in irgendeiner Weise negativ verknüpft.

Wieder gibt es verschiedene Möglichkeiten, das Rückwärtsgehen zu trainieren.

Aus dem Höflichkeitstraining entwickeln

Kann Ihr Pferd schön höflich neben Ihnen hergehen, hat es schon viel mehr gelernt, als nur den Kopf wegzuhalten und Sie nicht zu belästigen. Es hat auch schon gelernt, aufmerksam auf Sie zu achten, denn in einer bestimmten Position neben Ihnen gibt es Futter und da lohnt es sich zu sein. Versuchen Sie daher mal einen Schritt rückwärts. Ihr Pferd sollte dafür frei neben Ihnen gehen oder zumindest an einem lose durchhängendem Strick. Wahrscheinlich wird das Ihrem Pferd seltsam vorkommen, weil die gewohnte Position nicht mehr

stimmt. Clicken Sie jede Idee des Rückwärtsge-
hens beim Pferd. Es braucht am Anfang noch kein
ganzer Schritt zu sein. Ein leichtes Nach-hinten-
Lehnen reicht fürs Erste vollkommen aus. Wiederholen Sie das mehrere Male. Gehen Sie nach dem
Click nicht wieder nach vorne, um das Pferd zu
füttern sondern strecken Sie den Arm wie gewohnt seitlich aus. Damit wird Ihre Hand wahrscheinlich unmittelbar vor der Pferdebrust lan-
den. Um an das Futter zu kommen, geht das
Pferd dann von alleine einen Schritt rückwärts.
Hat das Pferd schließlich schon einige Male einen
ganzen Schritt mit Ihnen rückwärts gemacht,
dann wird ein Schritt zum Belohnungskriterium,
welches Sie dann im Laufe der Zeit immer weiter
steigern, je nach Leistung Ihres Pferdes.

Über den Futterpunkt erreichen Sie außerdem,
dass das Pferd den Kopf bei der Übung schön tief
hält, was trainingstechnisch von Vorteil ist, da
der Rücken dann oben bleibt.

Folgt das Pferd Ihnen auf diese Weise flüssig einige Schritte, wird es Zeit, das Signal einzuführen.
Bevor Sie rückwärts gehen, sagen Sie jetzt —
sozusagen als Ankündigung – »Zurück« oder was
immer Sie wollen. Dann gehen Sie rückwärts.
Wiederholen Sie das so lange, bis das Pferd auf
Ihr Wortsignal schon das Rückwärtsgehen beginnt.

Als nächstes gilt es noch, das Verhalten zu verallgemeinern. Dafür muss das Pferd lernen, es auch
auszuführen, wenn Sie sich in einer ganz anderen
Position befinden. Fangen Sie einfach an. Machen Sie kurz die Stillsteh-Übung und arbeiten
sich bis auf Brusthöhe des Pferdes. Aus dieser
Position, also einen Schritt hinter der normalen,

geben Sie jetzt das Signal zum Rückwärtsgehen.
Helfen Sie dem Pferd wieder über Ihre Körpersprache, falls es Sie zunächst nicht versteht. Mit
einigen Wiederholungen wird es wissen, was Sie
wollen.

So können Sie sich Stück für Stück in eine andere Ausgangsposition begeben. Immer geben Sie
zuerst Ihr Wortsignal und helfen mit der Körpersprache, wenn Ihr Pferd nicht verstehen sollte.
Mit ausreichend kleinen Trainingsschritten werden Sie erstaunt sein, wie bald Sie schräg hinter
dem Pferd stehen können und es allein auf Ihr
Wortsignal hin zurücktritt.

Frei Formen

Das Rückwärtsgehen eignet sich ganz hervorra-
gend zum Training mit dem freien Formen. Damit
können Sie Ihr Timing gut schulen. Begeben Sie
sich an einen Ort, den Sie für das Freie Formen
reservieren. Das könnte eine Ecke auf dem Reit-
platz sein oder auch die Box des Pferdes. Es ist
sinnvoll, wenn Sie dabei schon über Ihre Körpersprache sagen, dass das Pferd sich jetzt etwas
ausdenken darf. Sie können sich unter Umständen auch hinter einen Zaun stellen; das hält Sie
davon ab, dem Pferd irgendwie bei der Rückwärtsbewegung helfen zu wollen. Denn genau
das sollen Sie nicht. Nur Ihr Click mit der anschließenden Belohnung soll dem Pferd sagen,
was Sie von ihm erwarten. Ähnlich wie beim
Topfdeckelspiel der Kinder soll es sich selbst erarbeiten, wo es langgeht, mit dem Unterschied,
dass es bei unserem Spiel nur ein »Heiß«, aber
kein »Kalt« gibt.

Anfangs clicken Sie also vielleicht ein Heben
eines Vorderhufes, dann das Abstellen etwas wei-

Schritt für Schritt entfernt sich Sueno für Click und Futter weiter von Katja.

ter hinten, dann einen Schritt usw. Stellen Sie sich das Rückwärtsgehen wie ein Daumenkino vor. Jedes Bild was zum Ziel führt, sollen Sie clicken. Stimmt Ihr Timing und ist die Belohnungsrate hoch genug, wird Ihr Pferd schnell für sich entdecken, was ihm eine Belohnung verschafft.

Mit hoher Belohnungsrate ist gemeint, dass Sie Ihre Anforderungen so wählen müssen, dass Sie oft genug clicken können. Ein Anhaltspunkt ist alle 3 Sekunden ein Click. Das müssen Sie natürlich nicht auf die Sekunde einhalten. Machen Sie das aber ruhig mal als Trockenübung, dass Sie eine Minute lang alle 3 Sekunden clicken. Dann bekommen Sie ein Gefühl für eine angemessene Belohnungsrate. Jetzt verstehen Sie auch, warum die Leckerchen so klein sein sollen. Muss das Pferd eine halbe Minute nach der Leckerchengabe kauen, haben Sie keine Chance diese Belohnungsrate einzuhalten.

Freies Formen schult Ihre Trainerfähigkeiten ungemein, weshalb Sie sich ruhig häufig darin üben können.

Das freie Formen können Sie prinzipiell für jede Aufgabe anwenden. Denken Sie nur daran, es immer in einem definierten Kontext zu tun: Kreativität bei Pferden ist etwas Tolles; sie ist aber nicht bei jeder Gelegenheit angebracht. Um »unerwünschter Kreativität« vorzubeugen, empfiehlt es sich, einen »Frei-Form-Ort« einzurichten. Nur an diesem Ort und nur, wenn Sie ein ganz be-

stimmtes Signal geben, z.B. in einer bestimmten Haltung stehen, dann wird Kreativität auch belohnt. Es ist nicht unbedingt nötig, das an einem bestimmten »materiellen« Ort festzumachen. Je deutlicher jedoch das Ritual ist, das dem Pferd ankündigt, dass jetzt freies Formen angesagt ist, umso besser.

Popotarget

Mit dem Körpertarget sind Sie und Ihr Pferd inzwischen schon vertraut. Sollte Ihr Pferd jedoch zum Ausschlagen neigen, wählen Sie lieber eine andere Möglichkeit zum Rückwärtsgehen. Das ist das Schöne am Clickertraining: Es gibt unendlich viele Wege, das gewünschte Ziel zu erreichen.

Stellen Sie sich hinter Ihr Pferd und halten Sie Ihre Hand so an die Schweifrübe, dass sie eben ein paar Haare berührt. Warten Sie ab und clicken Sie die leiseste Rückwärtstendenz, die sich am Zucken der Kruppenmuskeln zeigen kann. Gehen Sie zum Füttern schnell nach vorne und nutzen

ebenso wie beim Rückwärtsgehen aus der Höflichkeitsübung den Futterpunkt vor der Brust. Hat Ihr Pferd nach einigen Clicks gelernt, die Schweifrübe an Ihre Hand zu bringen, können Sie es quasi hinter sich her ziehen.

Nasentarget

Präsentieren Sie den Nasentarget ziemlich dicht vor der Brust des Pferdes. Um ihn zu erreichen, wird das Pferd rückwärts gehen. Dieses Rückwärtsgehen ist es, was Sie clicken, also schon bevor das Pferd mit der Nase den Target erreicht. Nach einigen Clicks brauchen Sie den Target gar nicht mehr ganz bis vor die Brust zu bringen. Das Pferd wird schon vorher rückwärts gehen. Ist der Punkt erreicht, können Sie den Target Stück für Stück in Ihrem Ärmel verschwinden lassen, so dass am Ende der Finger als Signal übrig bleibt. Wollen Sie das Rückwärtsgehen auf Wortkommando trainieren, sagen Sie dieses, bevor Sie den Finger ausstrecken. Irgendwann wird das Pferd dann allein aufs Wort rückwärts gehen und gar

Püppi folgt rückwärts Ninas dargebotener Hand.

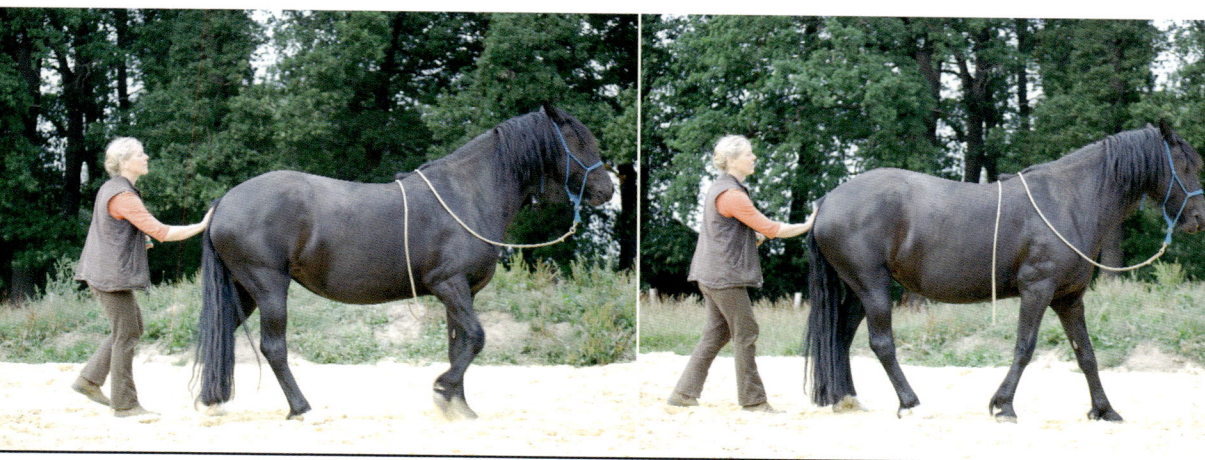

nicht mehr auf den Fingerzeig warten. Dann bekommt es allmählich eine Idee von der Bedeutung des Wortes. Denken Sie aber immer daran, dem Pferd augenblicklich zu helfen, wenn es mal nicht mehr weiß, was das Wort bedeutet. Das ist weder Dominanzverhalten noch Ungehorsam, sondern es fällt ihm einfach nicht ein. Helfen Sie ihm mit dem Handzeichen und frischen Sie sein Gedächtnis wieder auf, dann geht es von Mal zu Mal besser.

Rückwärts einen leichten Hang hoch

Haben Sie dem Pferd beigebracht, auf Signal rückwärts zu gehen, können Sie es ein paar Meter eine leichte Steigung bewältigen lassen. Eventuell sollten Sie hierbei dem Pferd den Schweif hochbinden, damit es sich nicht darauf tritt. Beobachten Sie einmal die Rückenmuskeln und die Kruppe im Vergleich: Vorwärts, rückwärts mit erhobenem Kopf, mit tiefem Kopf und mit tiefem Kopf an der Steigung. Sie werden auch hier interessante Unterschiede feststellen.

Der Nutzen des Rückwärtsgehens

Schulung der Koordinationsfähigkeit.

Lockerung der Rückenmuskeln.

Beweglichkeit der Kruppe.

Verbesserung des Vertrauens.

Gymnastik beim Ausritt

Ein Ausritt bietet unendlich viele Möglichkeiten für eine schöne Gymnastizierung. Außerdem kann man dort viele Sachen, die man zuhause auf dem Platz trainiert hat, anwenden. Eins unserer Pferde hatte sich einmal einen großen Stein ins Eisen getreten, der nachher so richtig verkantet war. Für das Lösen des Steines waren zwei

Rückwärts einen leichten Hang hoch.

Hände nötig. Es war also gut, dass das Pferd seinen Fuß alleine hochhalten konnte (siehe Seite 80).

Alle Übungen, die Sie ohne Hilfsmittel auf dem Platz gemacht haben, können Sie natürlich auch im Gelände machen. Wir werden das hier nicht extra erwähnen, möchten Sie aber sehr dazu ermutigen.

Hier wollen wir unser Augenmerk auf folgende Übungen legen:

Hilfsmittel im Gelände

Nutzen Sie Bordsteinkanten, Baumstämme, Baumstümpfe oder dergleichen für alle Varianten, die Sie mit Podest oder Balken auf dem Platz geübt haben. Achten Sie dabei auf rollsichere Lagerung der Baumstämme, die Sie fürs Training verwenden wollen.

Der Nutzen der Übung ist derselbe wie weiter oben bei den entsprechenden Übungen beschrieben. Zusätzlich lernt das Pferd aber die Verallgemeinerung, was das Lernen insgesamt voranbringt. Außerdem erreichen Sie eine schöne Abwechslung im Übungsprogramm. Sie können entweder absteigen, um die Übungen durchzuführen, oder Sie versuchen einmal, ob das Pferd die Übungen auch versteht und durchführt, wenn Sie oben sitzen. Seien Sie bitte geduldig, denn Sie fehlen als wichtiger Bestandteil des entsprechenden Signals in Ihrer Position auf dem Boden. Arbeiten Sie wieder in kleinen Schritten und geben Sie dem Pferd Click für Click die entsprechende Idee.

Sollte eine Übung auf diese Art und Weise gar nicht funktionieren, dann machen Sie sie erst mal in gewohnter Umgebung, wobei eine Person auf dem Pferd sitzt und die andere von unten hilft.

Aufsteighilfe

Messungen haben deutlich gezeigt, dass enorme seitliche Zugkräfte auf Sattel, Widerrist und Pferderücken ausgeübt werden, wenn der Reiter vom Boden aus aufsitzt. Von daher sollte ein Aufsteigen mit Aufsteighilfe selbstverständlich sein. Im Gelände kann man für diesen Zweck Mäuerchen, Baumstämme, Bänke oder andere mögliche Hilfsmittel verwenden.

Hier leistet uns der Schultertarget (siehe Seite 61) gute Dienste. Sie »ziehen« das Pferd damit einfach seitlich in die gewünschte Position. Halten Sie – vor allem anfangs – die Belohnungsrate hoch genug, damit Sie das Pferd regelrecht

Hilfsmittel im Gelände.

Steigen Sie zur Schonung Ihres Pferdes mit Aufsteighilfe auf.

Nutzen Sie Stufen, Bordsteinkanten und passende Geländeformationen.

in der gewünschten Position »festclicken«. Dann haben Sie eine gute Grundlage fürs Aufsteigen geschaffen.

Haben Sie ein Pferd, was dazu neigt, immer wieder wegzuschwenken, können Sie das sehr gut über den Futterpunkt korrigieren. Strecken Sie sich dafür nach dem Click über das Pferd und füttern Sie es auf der anderen Seite. Wenn es den Kopf von Ihnen wegdreht, um ans Futter zu kommen, wird es Ihnen den Körper eher entgegenschieben, womit Sie das Annähern an die Aufsteighilfe weiter unterstützen.

Machen Sie es sich außerdem zur Gewohnheit, die Seiten beim Aufsteigen immer mal zu wechseln. Das ist von Vorteil für das Pferd und Ihr eigenes Bewegungsmuster profitiert mindestens genauso davon.

> **!**
>
> ## Nutzen von Aufsteigehilfe und Aufsteigen von der »falschen« Seite
>
> **Schonung des Pferdes.**
>
> **Schaffung flexiblerer Bewegungsmuster.**
>
> **Das Pferd wird umweltsicherer.**

Mikado Querfeldein

Als Vorübung für diese nützliche Aufgabe üben Sie auf dem Platz im Stangenmikado. Das bedeutet, dass Sie Stangen kreuz und quer, zum Teil aufeinanderlegen, und Ihr Pferd langsam aus allen Richtungen über dieses Hindernis führen. Wenn Ihr Pferd das mit unterschiedlich hoch gelegten Stangen ruhig und gelassen meistert, können Sie die gleiche Übung auch unter dem Reiter im Gelände ausführen. Dafür ist die

Sueno kommt auf ein Signal zu Katja und parkt sich selbstständig passend zum Aufsteigen ein.

Vorübung Mikado in der Bahn: mit Reifen, Stangen und Schaumstoff-Poolnudeln.

Verschiedene Aufsteighilfen nutzen.

Stangenmikado im Wald.

Nutzen des Mikado

Förderung der Trittsicherheit.

Gutes Bewusstmachen aller vier Beine.

Schulung der Gelassenheit durch Bauchberührung, Wegsacken, Knacken usw.

Absprache mit dem Waldbesitzer oder dem Forstwirt nötig. Wenn Sie nett fragen und das nicht ausgerechnet in der Zeit, in der die Jungtiere im Unterholz liegen, dürfte das aber kein Problem sein. Lassen Sie das Pferd im Unterholz über kleine Baumstämme treten. Hierbei ist dann eine gute Koordination aller vier Beine des Pferdes gefordert. Fangen Sie auch im Gelände mit wenigen Stangen bzw. Stämmen an und clicken Sie immer, wenn das Pferd souverän und gelassen seine Beine über die Äste bewegt. Eine Aufgabe, die das Pferd kann, gibt ihm Sicherheit. So wird es immer mehr Vertrauen in sich und die Koordinationsfähigkeit seiner Beine entwickeln und damit immer trittsicherer werden.

Hangübungen

Das Gehen am Hang fördert Versammlungsfähigkeit und Gleichgewicht des Pferdes auf natürliche Weise. Tritt es beim steilen Bergabgehen nämlich genügend unter, vermeidet es ein Auf-die-Nase-Fallen und kommt sicher und heil unten an.

Bergaufgehen

Beim Bergaufgehen werden viele Pferde von Natur aus schneller, weil sie den Schwung für

Ronda erklettert im Schritt einen Hügel.

> **! Nutzen der Hangübungen**
>
> **Stärkung der Hinterhand und der Bauchmuskeln.**
>
> **Förderung der Versammlungsfähigkeit.**
>
> **Leichtwerden der Vorhand.**
>
> **Trittsicherheit.**

gehen gezielt trainieren, da jeweils das dem Hang zugewandte Bein wesentlich mehr arbeiten muss.

Bergabgehen

Clicken Sie beim Bergabgehen jeden Schritt, bei dem sich das Pferd gut trägt, d.h. bei dem es im Gleichgewicht ist. Sie werden das daran überprüfen können, dass es überhaupt in der Schräge stehen bleiben kann, um das Leckerchen zu nehmen. Auf diese Weise können Sie sich Schritt für Schritt den Hang herunterarbeiten, ohne dass das Pferd schneller wird, sich im Zügel abstützt und damit das Gleichgewicht verliert.

Fällt dem Pferd das sehr schwer, beginnen Sie mit dem Training an flachen Hängen und arbeiten sich langsam an die steileren heran. Sie können es ihm auch leichter machen, indem Sie erst einmal ohne Reitergewicht üben. Dabei sollte der Hang aber recht kurz (maximal drei Pferdelängen) sein, dass Sie auch genügend Abstand zum Pferd halten können, indem Sie am langen Strick auf der Ebene bleiben und jeden Schritt nach oben oder unten clicken.

den Aufstieg nutzen. Mit dem Clicker können wir ihnen ein langsames Schritt-für-Schritt-Gehen beibringen, was in ganz ausgezeichneter Weise die Kraft der Hinterhand trainiert. Durch das Füttern nach dem Click stoppen wir das Pferd automatisch und es muss erneut antreten, so dass wir wiederholt ein gutes Arbeiten der Hinterhand clicken können. Achten Sie darauf, dass das Pferd für diese Übung wirklich genau senkrecht zum Hang gestartet wird.

Ist das Pferd geradeaus (senkrecht) sicher, können Sie die Beine durch ein schräges Bergauf-

5

Übungen für den Menschen

Übungen für den Menschen

In welcher Verfassung kommen Sie normalerweise bei Ihrem Pferd an? Ausgeruht? Locker? Gut gelaunt? Wenn nein, haben wir hier etwas für Sie. Es handelt sich um einfache, effektive Bewegungsübungen, die es Ihnen und Ihrem Pferd leichter machen, sich miteinander als Team zu bewegen.

Damit Sie die neuen Bewegungsmuster gleich richtig ausführen und besser verinnerlichen, üben Sie mit einem Trainingspartner. Jetzt kommen Sie selber in den Genuss des Geclickert-Werdens, vorausgesetzt, Ihr Trainingspartner hat Grundkenntnisse im Clickern.

Grundposition

Stellen Sie sich entspannt hin, die Füße hüftbreit auseinander. Ihr Trainingspartner clickt Sie genau in dem Moment, in dem Sie den richtigen Abstand der Füße erreicht haben. Der sieht das nämlich von außen viel besser und objektiver als Sie.
Balancieren Sie sich über die drei Punkte von Ferse, Großzehengrundgelenk und Kleinzehengrundgelenk aus. Die Knie werden ganz leicht angebeugt. Legen Sie eine Hand flach auf Ihr Kreuzbein, die andere auf den Bauchnabel.

Die Grundposition.

Lassen Sie Ihr Kreuzbein ein Stückchen Richtung Erde wandern, während Ihr Bauchnabel in Richtung Brustbein hoch kommt. Im Idealfall spüren Sie jetzt Ihre Bauchmuskeln.

Dann fahren Sie mit den Fingerspitzen Ihr Brustbein entlang, als würden Sie einen Reißverschluss schließen, und spüren dabei die Aufrichtung in der Brustwirbelsäule. Legen Sie die Fingerspitzen der anderen Hand an den Rücken unterhalb des Nackens und streichen die Halswirbelsäule bis über den Haaransatz hinauf mit der Intention, sich zum Himmel zu strecken. Atmen Sie tief ein und lassen Sie beim Ausatmen die Schultern nach hinten unten sinken. Lassen Sie sich von der Seite beobachten, wenn Sie das tun, und ernten Sie einen Click für eine schöne Aufrichtung.

Ausgleich der Körperhälften

Verbreitern Sie etwas Ihre Grundposition. Dann heben Sie Ihr linkes Knie an und berühren es mit dem rechten Ellenbogen, während Ihr Blick nach rechts oben zum Himmel geht. Setzen Sie das Bein wieder ab und heben Sie das rechte Knie an. Berühren Sie es mit dem linken Ellenbogen und lenken Ihren Blick nach links unten zur Erde.

Mögliche Clickpunkte können sein:
- Berührung von Knie und Ellenbogen
- Blick nach rechts oben
- Blick nach links unten
- Berührung bei richtiger Blickrichtung

Sollte Ihr Rücken noch zu unbeweglich sein, berühren Sie die Knie einfach mit der gegenüber-

Ausgleich der Körperhälften: Lachen lockert.

liegenden Hand. Die Berührung ist wichtig für die Verknüpfung der Gehirnhälften.

Ist Ihnen diese Übung schon gut geläufig genug, können Sie zusätzlich zum Zeitpunkt der Berüh-

Click für eine schöne Aufrichtung.

rung noch hörbar ausatmen, damit Ihr Trainingspartner auch dies clicken kann.

Um einige »Gewitter im Gehirn« zu erzeugen, strecken Sie die Finger, während Sie die Ellenbogen beugen. Das bedeutet, dass Sie insgesamt im Beugemuster sind, aber dennoch die Finger strecken. Da passiert in Ihrem Kopf so Einiges. Ganz geschickte Menschen können diese Übung auch im Hüpfen durchführen.

▬ Hand zum gegenüberliegenden Fuß

Stellen Sie die Füße noch ein Stück weiter auseinander (auf jeder Seite 2 Fuß breiter als die Grundposition, siehe Fotos oben). Berühren Sie bei gestreckten Beinen mit der rechten Hand den linken Fuß, während Sie mit dem Blick Ihrer linken Hand folgen, die gestreckt in den Himmel weist. Richten Sie sich anschließend komplett wieder auf (Nacken strecken!) und berühren dann mit der linken Hand den rechten Fuß, während Ihr Blick der rechten Hand folgt. Wieder ist es sinnvoll, bei der Berührung von Hand und Fuß auszuatmen.

Mögliche Clickpunkte:
- Berührung von Hand und Fuß
- Komplette Verwindung der Wirbelsäule mit Blick nach oben
- Blick zur nach oben zeigenden Hand
- Durchgestreckte Knie
- Hörbares Ausatmen

Machen Sie jede Übung ca. 10 mal pro Seite. Machen Sie die Übungen ruhig langsam. Es geht darum, langsam und bewusst – genau wie bei den Übungen für Ihr Pferd – den Körper zu aktivieren.

> **! Nutzen der Übungen für den Menschen**
>
> **Gesamte Wirbelsäule wird beweglich.**
>
> **Dehnung der Lendenmuskulatur.**
>
> **Verknüpfung der Gehirnhälften.**
>
> **Vorbereitung auf die differenzierten Anforderungen beim Reiten.**
>
> **Fitnesssteigerung.**

Gegenläufige Windmühle

Eine weitere schöne Übung zur Verknüpfung und Herausforderung der Gehirnhälften ist die gegenläufige Windmühle. Bringen Sie sich zunächst in Grundposition und kassieren Sie Ihren ersten Click. Wir beschreiben zunächst die bequemste Version für einen Rechtshänder. Lassen Sie Ihren ausgestreckten rechten Arm einige Male nach vorne kreisen. Beachten Sie diesen Arm dann nicht mehr weiter und lassen Sie gleichzeitig den linken Arm nach hinten kreisen.

Eine andere Variante wäre, beide Arme nach oben zu strecken, und dann einen nach vorne und den anderen nach hinten fallen zu lassen. Diese Bewegung lassen Sie dann fließend kreisförmig weiterlaufen.
Beachten Sie, dass Sie sowohl den rechten als auch den linken Arm mal vorwärts und mal rückwärts laufen lassen.

Gegenläufige Windmühle.

Mögliche Clickpunkte:

- Die erste Bewegung in entgegengesetzter Richtung
- Wenn es gut läuft, ein gerade nach oben gestreckter rechter (oder linker) Arm
- Eine unterschiedliche Anzahl an Runden
- Aufrichtung während der Übung, besonders die der Halswirbelsäule

Nutzen der gegenläufigen Windmühle

Lockerung des gesamten Schultergürtels.

Verbesserung der Koordinationsfähigkeit.

Verknüpfung der Gehirnhälften.

Rechte und linke Körperhälfte lernen unabhängig voneinander zu agieren (elementar beim Reiten!).

Horizontale Beckenbewegung

Im Becken fangen wir die Bewegung des Pferdekörpers auf. Wir nutzen es, um das Pferd »absichtslos« zu beeinflussen. Schönes und geschmeidiges Reiten ist nur mit einem beweglichen Becken möglich.

Tragen Sie in der Grundposition Ihre Hände locker so vor sich her, als hätten Sie Zügel in der Hand. Mit fest im Boden verwurzelten Füßen und ruhigem Oberkörper drehen Sie Ihre rechte Beckenseite soweit wie möglich zur linken Hand, wobei das Becken aber auf horizontaler Ebene

Horizontale Beckenbewegung.

bleibt. Dann drehen Sie es soweit es geht in die andere Richtung. Sie werden höchstwahrscheinlich einen Seitenunterschied beim Bewegungsausschlag merken.

Fragen Sie sich dann mal so ganz nebenbei, welche Seite Ihres Pferdes die schlechtere ist. Ob da vielleicht ein Zusammenhang besteht?

Sie reizen bei dieser Übung also einmal ganz bewusst die Endpunkte der Drehung aus und gehen in die Dehnung bei absolut ruhig gehaltenen Schultern. Die Schultern dürfen sich also nicht mitdrehen.

Zur Vorbereitung für höhere Tempi beim Reiten erhöhen Sie die Geschwindigkeit des Beckenausschlags bis zur dem Punkt, an dem es Ihnen gerade noch möglich ist, fest verwurzelt und mit ruhigem Oberkörper zu stehen.

Mögliche Clickpunkte:
- Unbewegliche Schultern
- Ruhige Zügelhand
- Fest verwurzelte Füße
- Horizontale Drehung des Beckens
- Geschwindigkeit
- Aufrichtung

Fahrradpedale rückwärts mit dem Becken

Sie brauchen eine Treppenstufe, einen Ziegelstein oder einen Klotz. Stellen Sie sich mit einem Fuß darauf, während der andere herunter hängt. Bleiben Sie dabei im Rumpf und im tragenden Bein so gerade wie möglich. Legen Sie Ihre gleichseitige Hand auf die »herunter hängende« Beckenhälfte. Jetzt heben Sie diese abwechselnd an und lassen sie wieder absinken, wobei Ihre

! Nutzen der horizontalen Beckenbeweglichkeit

Bewusstmachung des Beckens und seiner Bewegungsmöglichkeiten.

Steigerung der Beckenbeweglichkeit.

Training der ruhigen Hand.

Langes Bein bei Beckenbewegung.

Aufrichtung, selbst wenn es unten wackelt.

Dehnung der Lendenmuskulatur.

Beckenbewegung: Fahrradpedale rückwärts.

Schultern wieder absolut waagerecht bleiben sollen. Bekommen Sie so ein Gefühl für die Auf- und Abbewegung Ihres Beckens (siehe Fotos unten). Anschließend beschreiben Sie mit Ihrer »freien« Beckenhälfte die Bewegung von »Fahrradpedale rückwärts«: nach hinten, nach unten, nach vorne und nach oben. Diese Bewegung soll so rund und fließend wie möglich ausgeführt werden. Dabei bleiben Schultern und der restliche Rumpf so ruhig wie es sich für einen guten Reiter gehört. Mit der freien Hand können Sie wieder die Zügelhand simulieren.

Wiederholen Sie beide Übungsteile auf der anderen Seite. Wahrscheinlich werden Sie auch hier wieder einen Unterschied in der Ausführung feststellen und wissen somit, was Sie verbessern können. Denn wie die Pferde haben auch wir Menschen eine Schokoladenseite. Interessanterweise ist das oft dieselbe wie beim Pferd. Die Frage ist also: »Geht das Pferd auf der einen Seite besser, weil wir es da besser unterstützen und weniger behindern?«

Mögliche Clickpunkte:
- Gerade und ruhige Schultern
- Aufrichtung
- Fließende Bewegungen
- Gerades Reiterbein

Nutzen von »Fahrradpedale rückwärts«

Imitieren der Beckenbewegung beim Reiten.

Bewusstmachen des Beckens. Geschmeidigerer Sitz.

Schulung der Wahrnehmungsfähigkeit der Beckenbewegung bei Mensch und Tier.

Seitendehnung

Nehmen Sie die Grundposition ein und stellen Sie Ihre Füße etwas weiter auseinander, nachdem Sie den ersten Click für eine schöne Aufrichtung kassiert haben. Strecken Sie ihre Arme nach oben, drehen Sie die Handfläche der rechten Hand himmelwärts und legen Sie die linke Handfläche auf die rechte. Fassen Sie mit der linken Hand den kleinen Finger der rechten. Legen Sie Ihren Kopf seitlich an den linken Oberarm und ziehen sich quasi am kleinen Finger zur linken Seite. Hierbei kommt es nicht auf eine möglichst große

Seitenneigung an, sondern darauf, dass Sie sauber in der Achse bleiben, d.h. den Oberkörper nicht nach vorne beugen.

Atmen Sie während der Dehnung aus, halten Sie den Endpunkt zwei Atemzüge lang und dehnen sich dann noch ein Stückchen weiter. Dann gehen Sie langsam zurück und richten sich schön auf. Wiederholen Sie die Übung zur anderen Seite, wobei Sie an Ihrem linken kleinen Finger ziehen.

Mögliche Clickpunkte:

- Aufrichtung in der Grundstellung
- Kopf wird an den Oberarm gelegt
- Sauber in der Achse bleiben
- Ausatmen in der Dehnung
- Verstärken der Dehnung

! **Nutzen der Seitendehnung**

Dehnung der Körperseiten.

Beweglicher Rumpf.

Führen Sie dieses kurze Programm vor dem Aufsteigen durch und Ihr Pferd wird es Ihnen danken. Es dauert keine fünf Minuten und Sie sind ein deutlich angenehmerer »Tanzpartner« für Ihr Pferd.

Der Sattel

Was hat ein Sattel mit (Clicker-)Fitness zu tun? Eine ganze Menge, denn als Bindeglied zwischen Reiter und Pferdekörper muss der Sattel passen, sonst drohen starke Verspannungen, die sogar zur Unreitbarkeit des Pferdes führen können, wenn die Schmerzen zu groß werden. Wenn Sie ein Pferd haben, welches beim Satteln oder Angurten unruhig, nervös oder sogar aggressiv wird, können Sie davon ausgehen, dass es mit dem Sattel Unangenehmes verknüpft. Selbst wenn Sie jetzt einen super passenden Maßsattel haben, ist im Gedächtnis der Schmerz gespeichert. Einen ungünstigeren Start zum Reiten gibt es kaum, denn die mentale Anspannung wirkt sich gerade beim Fluchttier Pferd sofort auf die Muskulatur aus.

Woran erkennt man, dass der Sattel passt?

Drehen Sie zu allererst den Sattel auf den Rücken. Tasten Sie die Unterseite bzw. das Polster mit leichtem Druck ab. Was spüren Sie? Im Idealfall ist die Polsterung gleichmäßig und weich. Knoten, Dellen oder Beulen sind für die Rückenmuskeln Ihres Pferdes sehr unangenehm. Es kann aber auch vorkommen, dass sich das Polster über die Zeit gesetzt hat, dadurch hart geworden ist und so den Muskel quetscht und nicht mehr arbeiten lässt.

Machen Sie einmal folgenden Test: Lassen Sie Ihren Arm locker zur Seite hängen. Nun drücken Sie mit dem Mittelfinger auf Ihren Bizeps. Von der Intensität her sollte es noch angenehm sein. Nun winkeln Sie Ihren Arm an, bringen Spannung auf Ihren Bizeps und wiederholen den Vorgang. Wie fühlt es sich jetzt an? Höchstwahrscheinlich unangenehm. Wenn Sie die Übung mit mehreren Fingern durchführen, fühlt es sich wesentlich besser an, weil der Druck auf eine größere Fläche verteilt wird. Auch Ihr Pferd findet es unangenehm, wenn sich durch Unregelmäßigkeiten im Sattel das Reitergewicht punktuell in den Rücken bohrt.

Die Beurteilung des Sattels beinhaltet folgende Kriterien, die zuerst im Stand ohne Satteldecke geprüft werden:

- Winkelung des Kopfeisens: Ist sie parallel zur Pferdeschulter?
- Lässt das Polster die Muskulatur hinter dem Schulterblatt frei oder drückt es sich hinein?
- Breite des Polsterkanals: Ist von vorne bis hinten mindestens eine Daumenbreite Platz zwischen Polster und Dornfortsätzen?
- Schwerpunkt: Ist er mittig, wo kommt das Reitergewicht hauptsächlich an?

rechts: Der obere Sattel liegt gut, der untere drückt an der Schulter.

unten: Im oberen Bild ist der Schwerpunkt zu weit hinten, im unteren stimmt er.

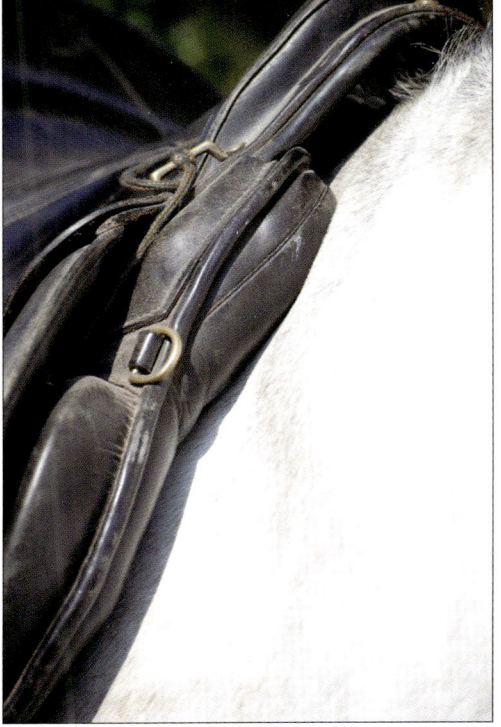

⬤ Länge und Passform der Auflage: Drückt der Sattel an der Lende oder lässt er die Muskulatur frei arbeiten?

Dann sattelt man wie gewohnt, lässt eine zweite Person aufsteigen und prüft in der Bewegung, ob alle Punkte grünes Licht bekommen. Sind Sie in irgendeiner Weise unsicher, lassen Sie bitte einen Fachmann prüfen.

Neuprogrammierung

Zum Glück können Sie – falls das Pferd schlechte Erfahrungen mit dem Sattel gemacht hat – sozusagen eine Neuprogrammierung vornehmen, aber bitte nur, wenn Sie 100 Prozent sicher sind, dass der Sattel tatsächlich nirgendwo drückt.

Schritt 1: Sie nähern sich mit Sattel und Clicker Ihrem Pferd und clicken, bevor es auch nur den Ansatz von Unbehagen zeigen kann. Je nach

Jedes einzelne Foto zeigt einen eigenen Trainingsschritt. Es wird erst zum nächsten übergegangen, wenn das Pferd völlig entspannt bei der jeweiligen Übung ist.

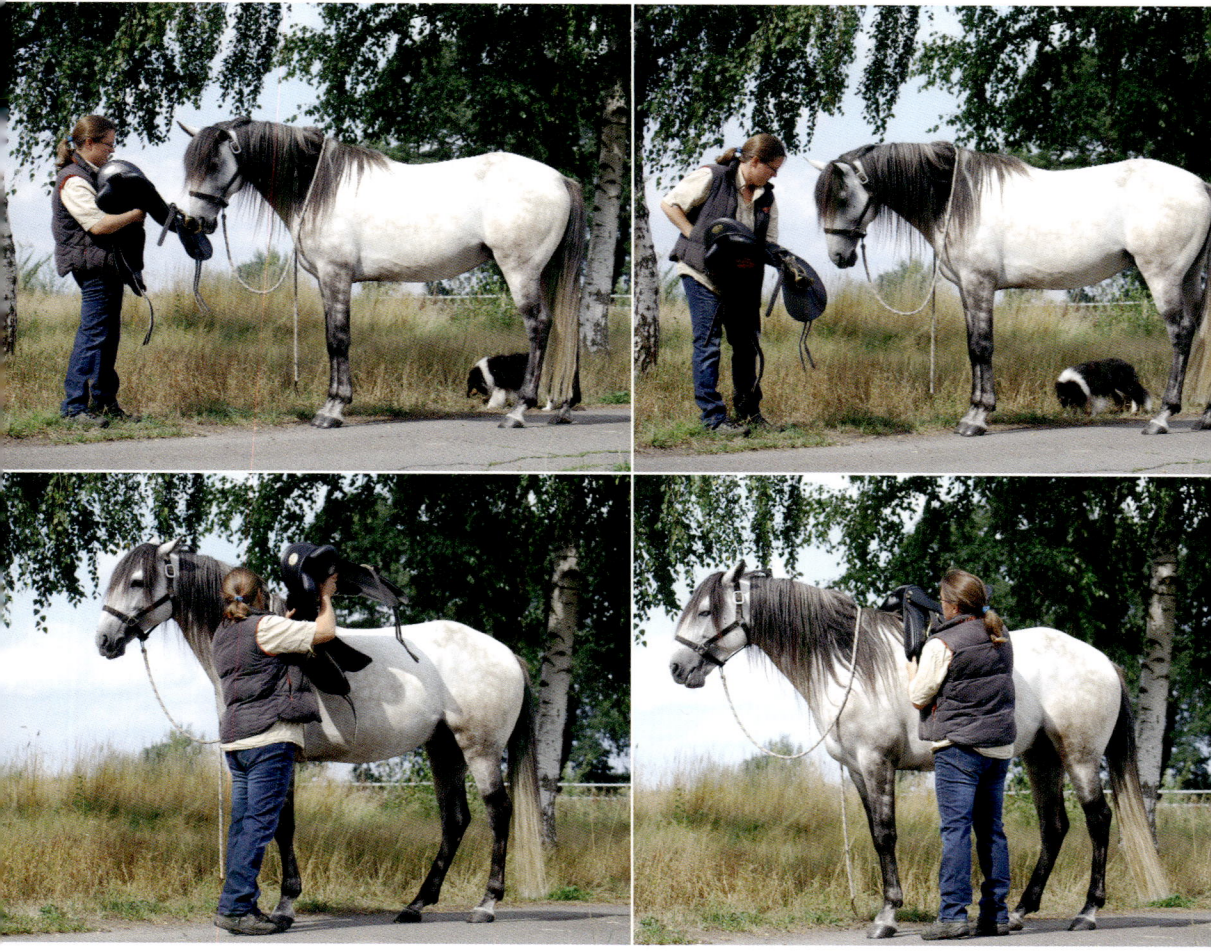

Größe Ihres Sattels kann eine zweite Person hilfreich sein, damit das Handling von Leckerchen,
Sattel und Futter nicht zu schwierig wird. Ihr
Pferd soll dem Sattel freudig entgegenblicken.
Schritt 2: Heben Sie den Sattel an, als wollten
Sie ihn auf den Rücken legen und clicken Sie
auch hier wieder, bevor Ihr Pferd Abwehr signali-
siert. Während des Fütterns nehmen Sie den Sattel wieder auf normale Höhe.

*(Die abgebildeten Schritte beziehen sich
nicht 1:1 auf die im Text genannten Schritte)*

Schritt 3: Berühren Sie mit dem Sattel den Pfer-
derücken, ohne ihn ganz abzulegen.
Schritt 4: Legen Sie den Sattel auf den Rücken.
Schritt 5: Gurten Sie leicht an.
Schritt 6: Ziehen Sie den Gurt fester.

Wichtig ist hierbei, dass Sie den nächsten Schritt
nur vornehmen, wenn Ihr Pferd mehrfach durch
Click und Leckerchen zu der Überzeugung ge-
langt ist, dass so ein Sattel eine tolle Leckerchen-
Spende-Angelegenheit ist.

Lockerungsübungen auf dem Pferd

Es ist wichtig, dass der Mensch auf dem Pferd
locker, entspannt und gut beweglich ist, wenn
wir genau das auch vom Pferd wollen. Der
Mensch muss nicht nur den Stress des Alltags
hinter sich lassen, auch Lockerungsübungen auf
dem Pferd gehören auf alle Fälle dazu.

Das Pferd auf Reiterbewegungen desensibilisieren

Voraussetzung für solche Übungen ist es jedoch,
dass das Pferd sie auch toleriert und sich nicht
etwa vor ungewohnten Bewegungen auf seinem
Rücken erschreckt. Daher ist zunächst ein Desen-
sibilisieren und Positiv-Konditionieren der Reiter-
bewegungen angebracht. Sehr sinnvoll ist es,
wenn Sie dabei einen Helfer haben, der sich aufs
Pferd konzentriert, es zwischendurch immer wieder clickt und belohnt, während Sie sich auf Ihre
Übungen konzentrieren.
Haben Sie keinen im Training erfahrenen Helfer
zur Hand, können Sie die Rollen zunächst auch
tauschen. Sie arbeiten also vom Boden aus, wäh-

rend ein Helfer auf dem Pferd sitzt und die Übungen durchführt. Dabei gehen Sie wieder schrittweise vor, beginnen also mit leichten Bewegungen und verstärken diese schließlich immer mehr. Sie dürfen unter Trainingsbedingungen ruhig auch übertreiben; zum Beispiel kann der auf dem Pferd sitzende zusätzlich flatternde Tücher in der Hand halten. Allerdings gilt dabei unbedingt, dass Sie nur so langsam vorgehen, wie das Pferd ruhig und entspannt jede Anforderung mitmacht.

Der Sitz

Diese Übungen können sowohl auf dem stehenden Pferd als auch in der Bewegung durchgeführt werden. Das Schema ist wie bei allen Jacobson*-Übungen: Anspannen, weiter atmen, zählen, lösen. Pause doppelt so lang, dann das An- und Entspannen noch zweimal wiederholen.

Nehmen Sie die Füße aus den Bügeln und reiten Sie im Schritt am langen Zügel los. Dann spannen Sie Oberschenkel und Pobacken so fest an, dass Sie regelrecht ein paar Zentimeter hoch kommen. Atmen Sie weiter und halten Sie die Anspannung 15 Schritte lang. Lösen Sie die Spannung mit dem Ausatmen und spüren Sie, wie Sie tief in den Sattel sinken und Ihre Sitzbeinhöcker Kontakt aufnehmen. Wiederholen Sie dies noch zweimal, wobei die Pause dazwischen mindestens doppelt so lang sein muss wie die Anspannung selbst.
Ziehen Sie Knie und Fußspitzen so hoch, dass Sie gerade noch den Kontakt der Sitzbeinhöcker spüren. Halten Sie auch diese Anspannung 15 Schritte lang und lassen Sie mit dem Ausatmen beim Lösen der Spannung Ihre Beine wie Gummischlangen geschmeidig am Rumpf des Pferdes entlang fließen.

Lockern Sie den Schultergürtel ...

... mit der gegenläufigen Windmühle.

* Edmund Jacobson, US-amerikanischer Arzt und Physiologe, Begründer der Progressiven Muskelentspannung.

Schließen Sie Ihre Augen, legen Sie eine Hand auf Ihren Beckenknochen, lassen Sie sich passiv von der Bewegung des Pferdekörpers durchschaukeln, und spüren Sie, was passiert. Dann aktivieren Sie die »Fahrradpedale rückwärts«, um sich bewusst auf das Bewegungsmuster Ihres Pferdes einzustellen. Später lassen Sie es einfach durch sich hindurchfließen.

Die Füße

Strecken Sie die Fußspitzen soweit es geht zur Erde und drücken Sie die Knie dabei durch. Halten Sie auch hier die Anspannung mindestens ein Dutzend Schritte, bevor Sie mit dem Ausatmen wieder locker lassen. (Auch hier ist eine zweimalige Wiederholung sinnvoll.)
Drehen Sie die Fußspitzen soweit zum Pferdemaul, wie Ihre Hüftgelenke es zulassen.

Drehen Sie die Fußspitzen so weit nach Außen, dass Sie jedem reitenden Clown eine Konkurrenz wären.

Der Oberkörper

Ihren Schultergürtel lockern Sie mit den gegenläufigen Windmühlenflügeln. Hierbei können Sie je nach Temperament Ihres Pferdes den Clicker einsetzen, um es von der Ungefährlichkeit Ihrer Bewegungen zu überzeugen.

Lassen Sie dann beide Arme locker seitlich am Körper herunterhängen. Die Handrücken zeigen nach vorne. Ziehen Sie die Schultern nach vorne zusammen, dann nach oben, die Handrücken zeigen nach außen. Während Sie nach hinten-unten ziehen, drehen Sie die Handrücken nach hinten und richten sich in der Halswirbelsäule auf.

Schultern langsam nach vorne oben ...

... und hinten unten ziehen.

Da Schulterverspannungen bei uns modernen Menschen schon fast normal sind, können Sie als drittes die wohltuende Wirkung der progressiven Muskelrelaxation durch Anspannung und Entspannung nutzen.

Ballen Sie Ihre Hände zu festen Fäusten und ziehen Sie Ihre Schultern bis zu den Ohren. Halten Sie auch hier die Anspannung 15 Schritte lang und lassen dann mit der Ausatmung Schulter und Hände zur Erde sinken. Eine zweimalige Wiederholung ist auch hier sinnvoll.

Der Kopf

Nicht nur das Genick des Pferdes ist wichtig, auch der Reiter sollte hier schön durchlässig sein. Legen Sie eine Hand auf Ihre Brust, um sicherzustellen, dass die Bewegungen nur die Halswirbelsäule erreichen. Fassen Sie mit Daumen und Zeigefinger Ihr Kinn und ziehen es waagerecht nach vorne, drücken es sanft auf die Brust und schieben es dann nach hinten-oben. Finden Sie dort Ihren persönlichen optimalen Aufrichtungs-

punkt. Danach wenden Sie Ihren Kopf langsam bis zum Bewegungsende nach links und rechts. Besonders aufschlussreich ist diese Übung mit zusammengebissenen Zähnen: Vergleichen Sie einmal, wie weit die Bewegungen der Halswirbelsäule dann möglich sind. Entdecken Sie Gemeinsamkeiten mit dem Pferd? Jetzt wird deutlich, warum wir das lockere Maul beim Reiten haben wollen: Das Maul steht in direkter Beziehung zum Genick.

Eine andere Übung, die Ihnen vielleicht gefällt, geht folgendermaßen: Sinken Sie wie ein alter Cowboy nach einem langen, staubigen Arbeitstag in der Steppe in sich zusammen. Ihr Blick geht zu Boden, der Rücken ist rund und gebeugt von unzähligen harten Stunden im Sattel. Richten Sie sich jetzt langsam auf, Wirbel für Wirbel, und tragen Sie den Kopf so aufrecht, wie es sich für den Bezwinger von 1000 störrischen Rindern gehört!

Jetzt sitzen Sie schön warm geturnt auf Ihrem Pferd und Ihr Körper ist optimal auf dem Pferderücken angekommen.

Lassen Sie sich übertrieben zusammensinken und richten sich anschließend übertrieben auf. Dann bekommen Sie ein Gefühl dafür, wie sich der richtige »Mittelweg« anfühlt.

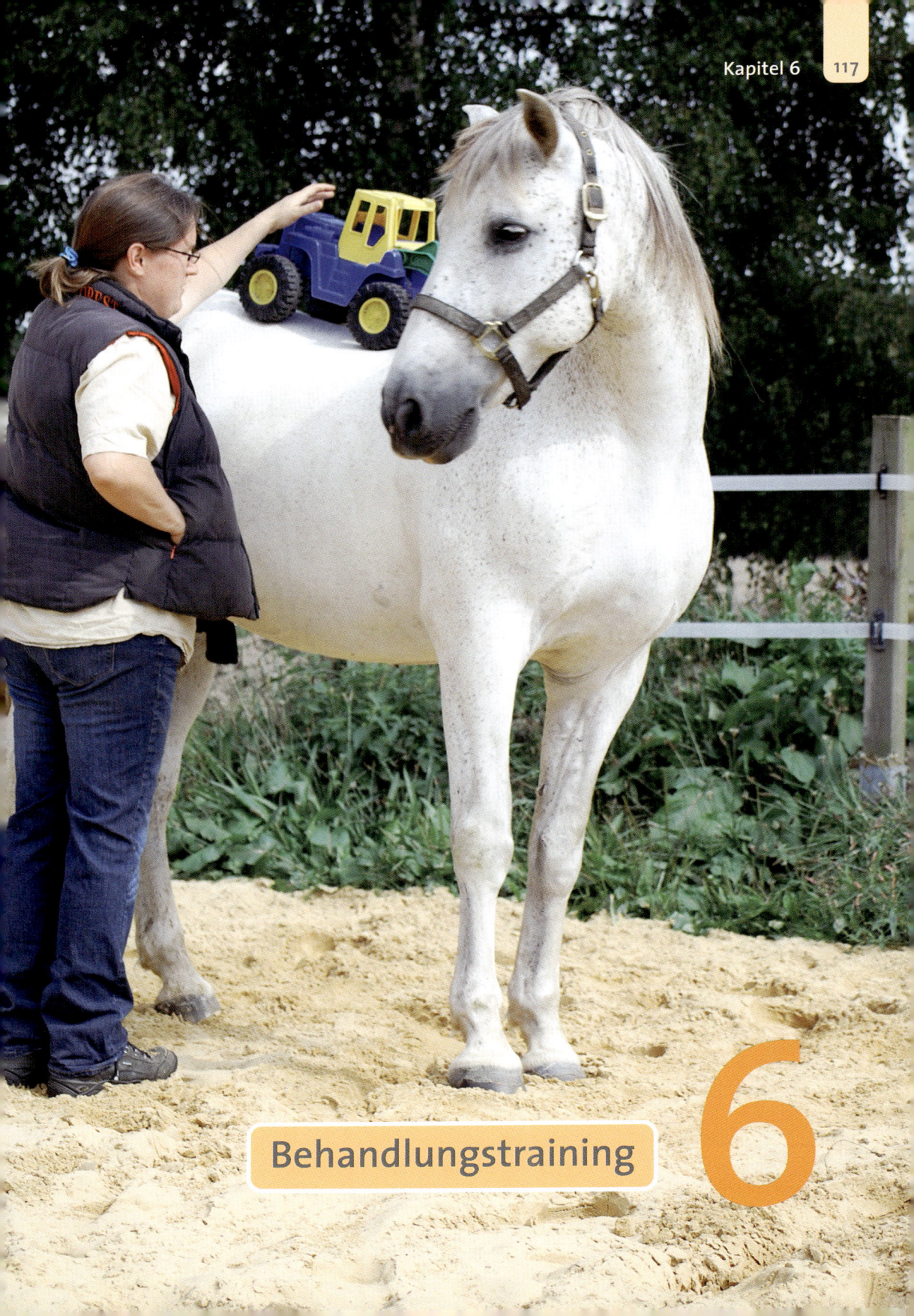

Behandlungstraining 6

Medical Training · Behandlungstraining

Jedes Pferd kann leider immer mal in die Situation kommen, dass es sich verletzt hat und/oder anderweitig behandelt werden muss, um seine Fitness wieder herzustellen. Daher möchten wir Ihnen hier zeigen, wie Sie Ihrem Pferd beibringen, solche Behandlungen willig, ja sogar mit Freude über sich ergehen zu lassen. So kann dann auch der Tierarztbesuch in einer entspannten Atmosphäre und angstfrei stattfinden.

⬤ Überall anfassen lassen

Eine wichtige Vorbereitung für das Behandlungstraining ist das Stillstehen (siehe Seite 26). Trainieren Sie das auch unter erschwerten Bedingungen. Die zweite wichtige Grundlage für das Behandlungstraining ist, dass das Pferd sich überall anfassen lässt.
Kennt ein Pferd es nicht, von seinem Besitzer oder auch von einem fremden Menschen, nämlich dem Tierarzt, angefasst zu werden, kann das für alle Beteiligten sehr gefährlich werden. Pferde sind nämlich in ihrer Eigenschaft als Fluchttiere sehr schnell zu Abwehrbewegungen bereit und dem Menschen an Kraft weit überlegen.
In Zoos und Delfinarien wird viel größeren und gefährlicheren Tieren beigebracht, sich untersuchen zu lassen, sogar bis hin zu solch unangenehmen Dingen, wie sich die Nasenschlundsonde einschieben zu lassen. Es braucht im Endeffekt auch gar nicht so viel Training, um sich selber und seinem Tierarzt einen entspannten Umgang mit dem Pferd zu ermöglichen.

Das Pferd soll also alle Untersuchungen (Fiebermessen, Abhorchen, Abtasten) freiwillig und freudig über sich ergehen lassen. Spritzen oder Blutabnahme sind eine willkommene Möglichkeit, sich ein Leckerchen zu verdienen, daher eher ersehnt als gefürchtet.

Wiederholen Sie einige Male das Höflichkeitstraining. Das ist immer ein guter Start. Beobachten Sie dabei Ihr Pferd. Steht es während dieser Übung schon still? Oder tänzelt es etwas unruhig und steht erst still, wenn Sie es füttern? Jetzt ist Ihr Timing gefragt. Legen Sie Ihre flache Hand auf die Schulter des Pferdes in solch einem Moment des Still-Stehens und clicken Sie sofort, wenn die Hand das Pferd berührt und es dabei noch still steht.
Sie sollten das Stillstehen »einfangen«, bevor das Pferd sich bewegt! Hier ist also Geschwindigkeit gefragt, vor allem bei einem nervösen Pferd. Bewegt sich das Pferd nämlich erst und Sie warten ein ruhiges Stehen ab, kann es sein, dass es lernt: Es muss zappeln, um dann still zu halten, was dann belohnt wird.
Daher ist es immer der schnellere Weg, Stehen ganz schnell zu belohnen, bevor das Pferd sich bewegt.
Seien Sie da ruhig die ersten Trainingsdurchgänge extrem schnell mit Clicken und Füttern. Ein Anhaltspunkt könnten 20 mal clicken und füttern in einer Minute sein.
Wenn Sie nämlich wirklich das Stillstehen clicken, werden Sie es auch bekommen. Später kann man auch die Zeit zwischen den einzelnen Clicks

Das Pferd muss sich überall anfassen lassen.

immer mehr hinauszögern. Sie können dann das Pferd überall anfassen und clicken im Durchschnitt immer seltener. Dieses »im Durchschnitt« ist wichtig: Also auch wenn das Pferd schon 3 Minuten still stehen kann, sollten Sie es mal nach 10 Sekunden dafür belohnen. Das spornt zum Durchhalten an, denn jede Sekunde könnte die nächste sein, in der es clickt.

Nehmen Sie sich für dieses Anfasstraining wirklich jedes Körperteil des Pferdes vor. Am besten zeichnen Sie sich in Ihr Trainingstagebuch einen Umriss von einem Pferd und markieren sich alle Stellen farbig, die Sie anfassen können, wobei das Pferd entspannt stehen bleibt. Dann haben Sie anhand der weißen Bereiche einen Überblick, an welchen Stellen Sie noch arbeiten sollten. Denken Sie außerdem an Ohren, Euter/Schlauch,

Bauchregion, Afterregion usw. Das Pferd wird sich auch an der empfindlichsten Stelle anfassen lassen, wenn Sie schön schrittweise vorgehen.

Ungewohnte Gegenstände

Nehmen Sie sich alle möglichen fremden Gegenstände und berühren Sie damit das Pferd am ganzen Körper. Sollte sich das Pferd vor irgendeinem Gegenstand fürchten, gehen Sie mit dem Gegenstand vor, wie zuvor mit der Hand. Sie clicken also bevor das Pferd sich bewegt. Im Extremfall stehen Sie dafür mit dem Gegenstand in 5 Metern Abstand. So arbeiten Sie sich langsam an das Pferd heran, was man auch systematische Desensibilisierung nennt.

Sie können sozusagen eine automatische Desensibilisierung durchführen, indem Sie die Gegen-

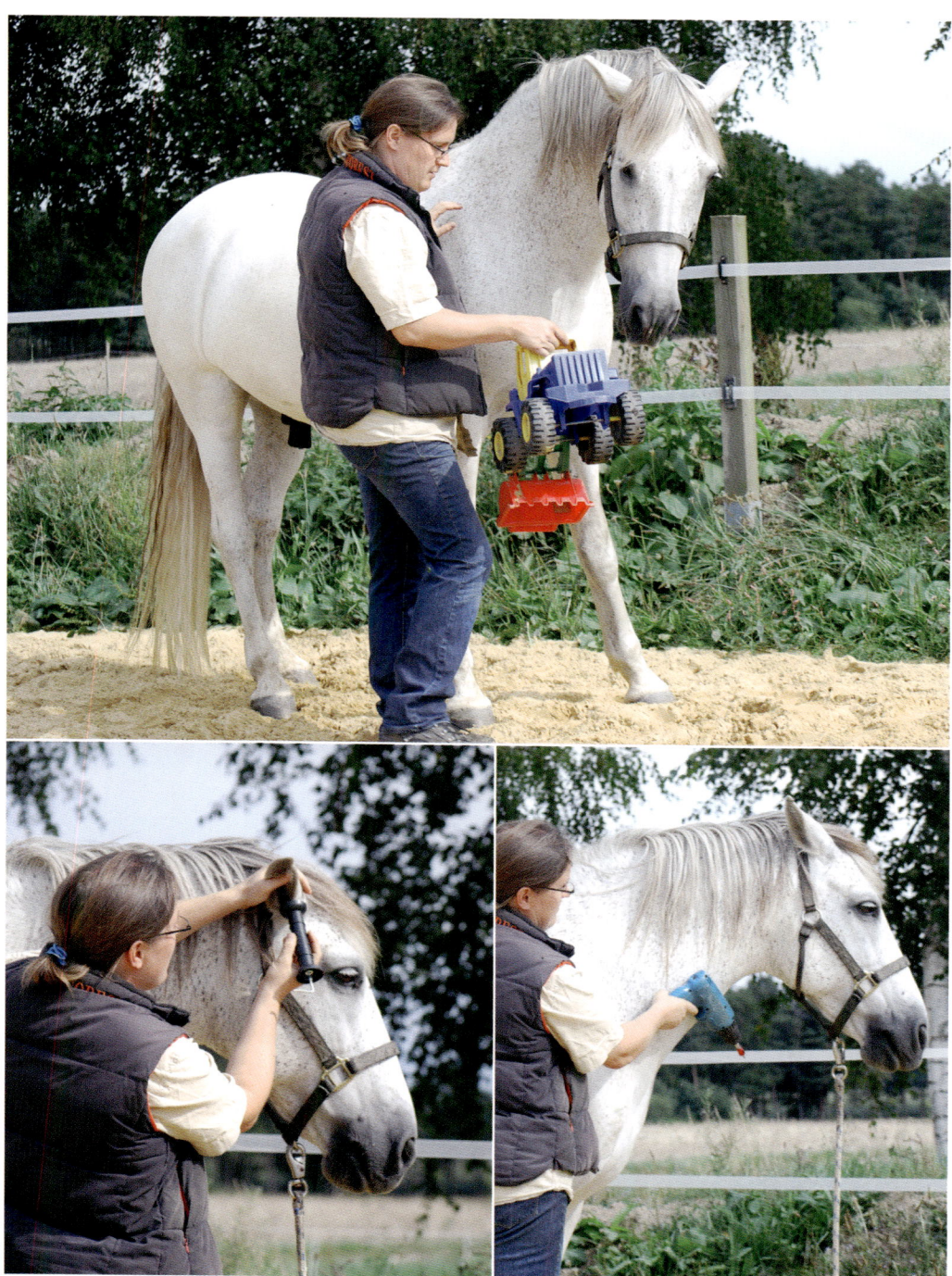

Das Gewöhnen an fremde Gegenstände kann mit dem Clicker sehr viel Spaß machen.

stände in der Nähe des Futtertroges aufhängen, so dass sich das Pferd erst mal daran gewöhnen kann. Je mehr ungewohnte Gegenstände Sie für das Training verwenden, desto besser. Damit erreichen Sie mit der Zeit eine Verallgemeinerung und das Pferd wird so schnell nichts mehr aus der Ruhe bringen. Damit sind Sie auf der sicheren Seite: Ein Fieberthermometer oder ein Stethoskop können Sie sich leicht anschaffen fürs Training, ein Ultraschallgerät z.B. jedoch nicht.

Also trainieren Sie mit Handfeger, Tischstaubsauger, Kuchenblech, Schneebesen oder was auch immer. Der Fantasie sind keine Grenzen gesetzt. Das tun sie solange, bis das Pferd sich einen neuen Gegenstand kaum noch ansieht. Dann haben Sie eine gute Verallgemeinerung erreicht.

Sie können das Training unterstützen, indem Sie die Gegenstände auch als Target (siehe Seite 45) präsentieren.

Damit lernt das Pferd noch schneller, dass unbekannte Gegenstände nichts zum Fürchten sind.

Fremde Menschen

Ein ganz wichtiger Aspekt beim Tierarzttraining ist, dass das Pferd auch lernt, sich von fremden Menschen mit all diesen Gegenständen anfassen zu lassen. Bitten Sie also Freunde, Bekannte oder auch mal den Hufschmied, Sie bei Ihrem Training zu unterstützen. Trägt Ihr Tierarzt einen Kittel, ziehen Sie sich selber auch mal einen Kittel an. Dann bitten Sie Ihre Helfer, das beim Training ebenfalls zu tun.

Damit das Pferd sich an fremde Menschen gewöhnt, sollten Sie diese zum »Mitspielen« einladen.

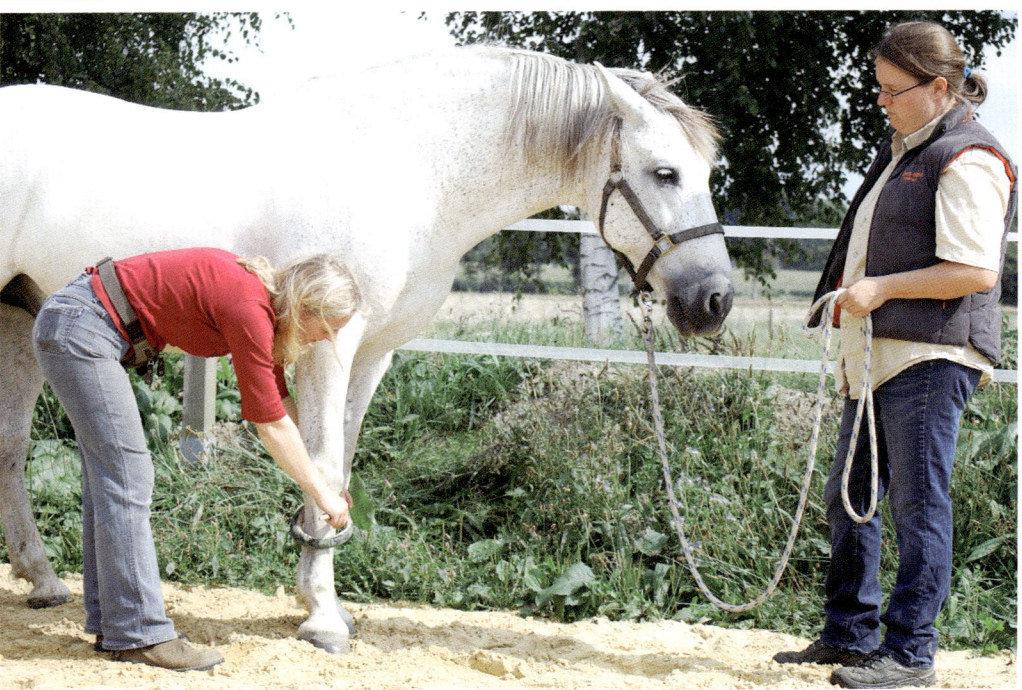

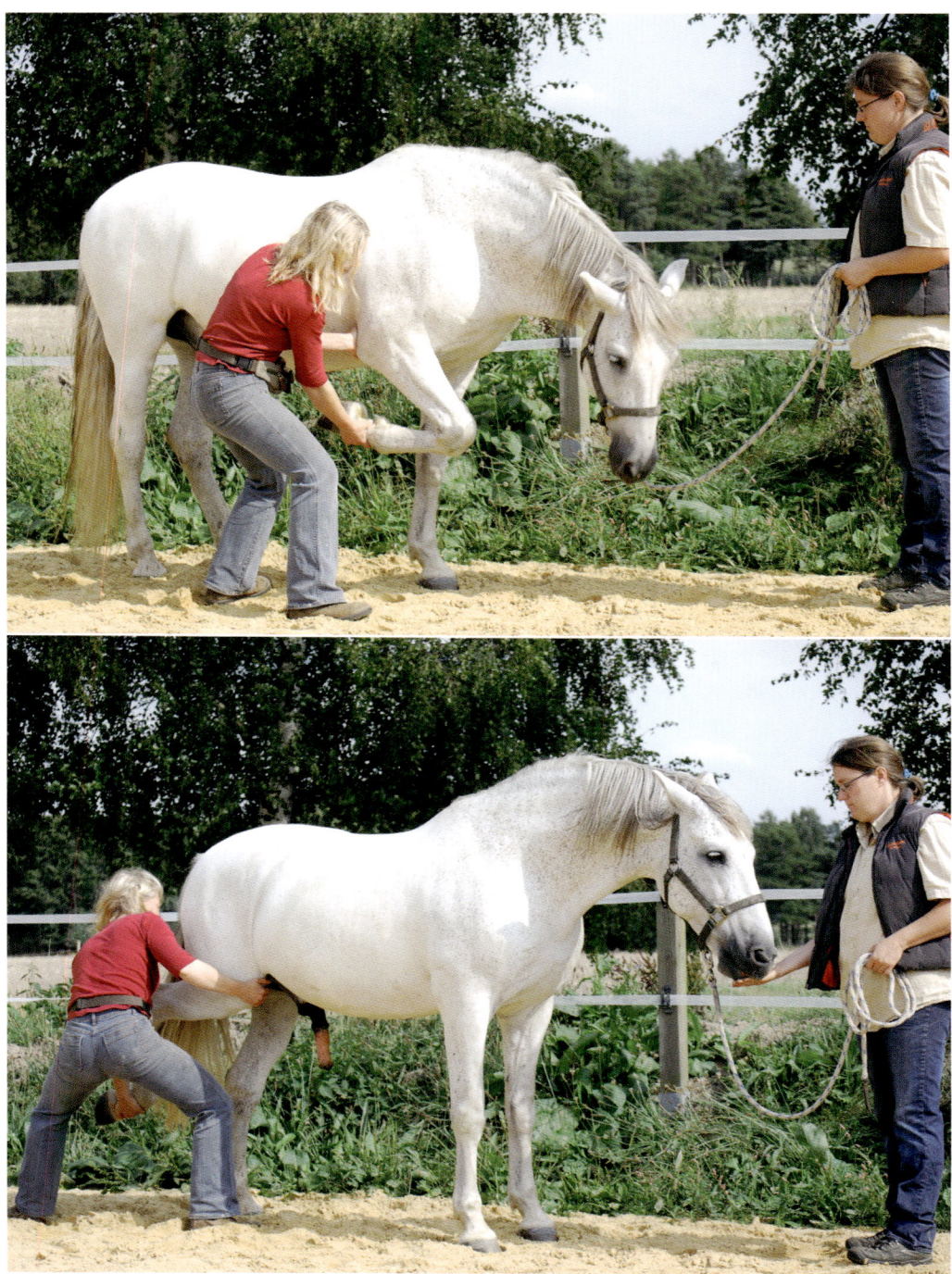

Jede Untersuchung wird angenehmer und effektiver, wenn das Pferd entspannt mitmacht.

Steht Ihr Pferd in einem Stall, in den der Tierarzt sowieso von Zeit zu Zeit kommt, könnten Sie diesen bitten mal zwei Minuten beim Training zu helfen. Er soll dann einfach das machen, was Sie auch gerade mit dem Pferd trainieren.

Stellen Sie sich vor, dass Sie dem Pferd Fragen stellen:

»Kannst du den Schneebesen wie einen Target berühren?«

»Kannst du entspannt sein, wenn ich dich mit dem Schneebesen an der Schulter berühre?«

»... an der Kruppe?« »... unter dem Schweif?«

»... an den Beinen?«

»Kannst du auch entspannt stehen, wenn die Freundin dasselbe mit dir macht?«

»Kannst du ebenfalls entspannt stehen, wenn die Person mit Kittel das mit dir macht?«

Trainieren Sie auf diese Weise beliebig viele Gegenstände mit beliebig vielen Menschen. Denken Sie daran, nur solche Fragen zu stellen, die das Pferd auch mit »Na klar!« beantworten kann. Sollte das mal nicht der Fall sein, war der Schritt zu groß und Sie sollten Zwischenschritte einbauen. Denken Sie an die Vorgehensweise nach dem Ampeltraining. Und vor allem gilt: Haben Sie Spaß! Es ist witzig, was die Pferde alles mitmachen, wie man auf den Fotos sieht. Vermitteln Sie diesen Spaß auch dem Pferd.

Sich passiv bewegen lassen

Für Ostheopathie, Chiropraktik oder Diagnostik am Bewegungsapparat ist der Erfolg ungleich größer, wenn Ihr Pferd sich gerne passiv durchbewegen lässt.

Durch Massagen haben Sie bei Ihrem Pferd bereits erreicht, dass es die Muskeln locker lässt, wenn Sie seinen Körper bearbeiten. Bei der Schüttelung an der Hinterhand hat Ihr Pferd vielleicht schon so locker gelassen, dass Sie beobachten konnten, wie es genussvoll leicht hin- und herschwankte. Dies verstärken Sie jetzt einfach. Stellen Sie sich seitlich ans Pferd, halten Sie die Hände gegen die Rippen und bauen einen leichten Druck auf, der Ihr Pferd veranlasst, das Gewicht auf die andere Körperseite zu verlagern. Lösen Sie den Druck, lassen die Hände jedoch an den Rippen liegen. Ihr Pferd wird sich wieder ausbalancieren. Wiederholen Sie das von Frequenz und Druckintensität so, dass Ihr Pferd hin- und hergewiegt wird. Wichtig ist hierbei, dass Ihr Pferd stehen bleibt und nicht zur anderen Seite ausweicht. Jetzt können Sie die Wiegeübung von allen möglichen Körperstellen aus durchführen.

Nehmen Sie das Vorderbein wie zum Hufeauskratzen auf, fassen mit einer Hand den Ellenbogen und rütteln sanft hin und her. Lässt Ihr Pferd locker – was Sie ganz sicher spüren – gibt es Click und Leckerchen. Es bietet sich an, diese Übung mit ein er Hilfsperson zu machen, die das Pferd nach Ihrem Click füttert. Dann brauchen Sie das schön lockere Bein nämlich zum Füttern nicht abzusetzen. Das Gleiche gilt fürs Hinterbein.

Haben Sie bisher einen Großteil der hier vorgestellten Übungen trainiert, wird das Pferd schon erhebliches Vertrauen in Sie aufgebaut haben. Mit dieser Grundlage können Sie das passive Bewegen-Lassen auch am Schweif üben. Stellen Sie sich dazu wieder seitlich ans Pferd. Fassen Sie mit der einen Hand den Schweif, während die andere auf Hüfte oder Oberschenkel des Pferdes abgelegt wird. Ziehen Sie den Schweif mit Gefühl zu sich hin. Wieder soll das Pferd nicht aus dem Gleichgewicht gebracht werden; zum einen soll es sich daran gewöhnen, dass es am Schweif manipuliert wird, und zum anderen soll es lernen, durch minimale Ausgleichsbewegungen seine Tiefenmuskulatur zu benutzen.

Dasselbe machen Sie von der anderen Seite. Bei genügendem Vertrauen zum Pferd kann man den Schweif auch gerade nach hinten ziehen. Viele Pferde lieben diese Übung. Machen Sie das jedoch nur, wenn Sie Ihr Pferd wirklich kennen und ihm vertrauen. Außerdem sollte es vorher entspannt sein und es sollte gerade nichts Ungewöhnliches in der Umgebung passieren.

An einem so vorbereiteten Pferd werden alle Therapeuten ihre Freude haben. Sie können viel schneller mit der eigentlichen Behandlung beginnen, anstatt das Pferd erst langsam an die Berührungen gewöhnen zu müssen.

▬ Fieber messen

Die Manipulation des Schweifes in der Übung zuvor ist die Grundlage für das Fiebermessen. Zusätzlich gewöhnen Sie es daran, dass Sie ungewohnte Gegenstände in der anderen Hand haben. Eine verwandte Übung wäre z.B. die Gewöhnung an ein Scheidenspekulum bei (Zucht-)stuten.

Als nächstes berühren Sie das Pferd im Bereich After/Scheide mit dem Gegenstand. Achten Sie auf eine angenehme Temperatur dieses Gegenstandes, weil die Haut an dieser Stelle sehr empfindlich ist. Im Laufe der Zeit könnte es ein Trainingsschritt sein, dass sich das Pferd auch von

einem kalten Gegenstand berühren lässt, denn nicht jeder Tierarzt denkt immer soweit mit, aber das kommt erst später.

Anfangs sollten Sie wieder alles tun, um dem Pferd die Übung einfach und angenehm zu machen. Bevor Sie das Fieberthermometer einführen, sollten Sie Gleitgel auftragen. Denken Sie an eine hohe Belohnungsrate, auch wenn Sie dafür immer wieder den Schweif loslassen müssen, um an den Pferdekopf zu gehen und zu füttern. Unsere verrückten Ideen müssen sich nun mal für das Pferd lohnen!

Bei einem elektronischen Thermometer sollten Sie das Piepsen zunächst unabhängig von der Übung ertönen lassen, um sicher zu stellen, dass das Pferd keine Probleme mit dem Ton hat.

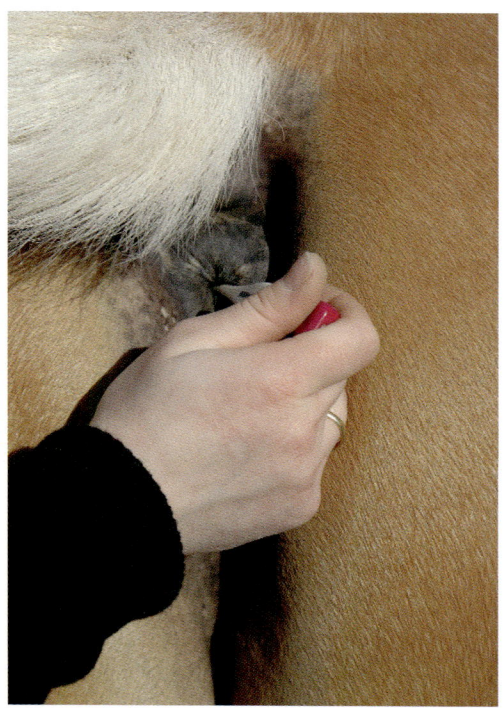

Tipp:

Das Fieberthermometer fürs Pferd sollte kein Quecksilber enthalten, falls es im Training einmal herunterfällt. Außerdem sollten Sie ein Bändchen mit einer Wäscheklammer am Ende befestigen, womit Sie es wiederum am Pferdeschweif befestigen können. Dadurch wird verhindert, dass das Thermometer versehentlich im After verschwindet, was durchaus mal passieren kann.

Die normale Körpertemperatur der Pferde ist 37–38°C, bei Fohlen auch etwas höher.

Beim Training für das Scheidenspekulum ist es wichtig, die Scheidenregion erst gründlich zu säubern. Das ist direkt wieder ein Trainingsschritt. Achten Sie auch hier auf angenehme Wassertemperatur. Das Einführen des Spekulums selber sollten Sie dem Tierarzt überlassen. Allerdings lohnt es sich bei empfindlichen Stuten, mit dem Tierarzt eine Trainingssequenz zu verabreden, während der das Einführen geübt und reichlich belohnt wird. Das muss gar nicht lange dauern. 10 Minuten sind schon enorm viel. Wenn Sie das mit einer Behandlung verbinden, bei der der Tierarzt sowieso im Stall ist, wird sich das bestimmt machen lassen. Die Zeit sparen Sie dann bei der eigentlichen Untersuchung allemal ein, weil das Pferd kooperativ mitmacht. Denken Sie daran, auch die eigentliche Untersuchung in Trainingsschritten durchzuführen. Sollte Ihr Tierarzt damit nicht vertraut sein, erklären Sie ihm Ihr schrittweises Vorgehen. Sagen Sie ihm, was genau er machen soll, was Sie dann belohnen werden, auf dem Weg zur eigentlichen Untersuchung. Auch hier wird die Kooperation des Pferdes den Tierarzt schnell von der Nützlichkeit dieses Vorgehens überzeugen.

Spritzen üben

Ob Sie es glauben oder nicht: Man kann Spritzen so trainieren, dass es dem Pferd wirklich Spaß macht!

Es ist natürlich viel einfacher und geht schneller, wenn Sie das vorbeugend machen und nicht erst dann, wenn das Pferd schon Panik vor der Spritze hat.

In letzterem Fall müssen Sie durch die systematische Desensibilisierung (siehe Seite 129) erst erreichen, dass Sie sich dem Pferd wieder mit einer Spritze oder auch einem anderen Gegenstand nähern können.

Gewöhnen Sie das Pferd daran, dass an bestimmten Stellen seines Körpers seltsame Dinge durch-

Hier trainiert Chiara mit Tracy das Tolerieren der Spitze. Auch wenn es weh tut, spielt Tracy mit, weil es sich für sie lohnt.

geführt werden, die manchmal sogar wehtun können, dass es aber dafür immer eine Belohnung gibt.

In kleinen Schritten steigern Sie den Reiz, der auf eine bestimmte Hautstelle ausgeübt wird. Zuerst klopfen Sie darauf –> Click, Leckerchen (CL), dann klatschen Sie mit der flachen Hand darauf –> CL, dann pieksen Sie mit einem Bleistift –> CL, dann nehmen Sie einen Gummi, ziehen ihn auseinander und lassen ihn auf diese Hautstelle flitschen –> CL, usw. Der Fantasie sind hierbei keine Grenzen gesetzt.

Gehen Sie immer so vor, dass das Pferd dabei ruhig und entspannt bleibt. Es darf dann auch ruhig etwas wehtun. Pferde können einiges ertragen, wenn Sie langsam herangeführt werden und – ganz wichtig! – wenn es sich für sie lohnt. Nehmen Sie eine Plastikspritze und berühren Sie damit das Pferd am ganzen Körper. Vor allem, wenn Sie Ihr Pferd nicht von Fohlen an kennen, werden Sie dabei feststellen, ob es die Spitze irgendwann in seinem Leben schon negativ verknüpft hat und ob es eventuell noch etwas aufzuarbeiten gibt. Dann lassen Sie auch diese Trai-

Auch Fohlen kann man schnell so trainieren, dass das Chippen statt eines traumatischen Erlebnisses eine angenehme Trainingserfahrung darstellt.

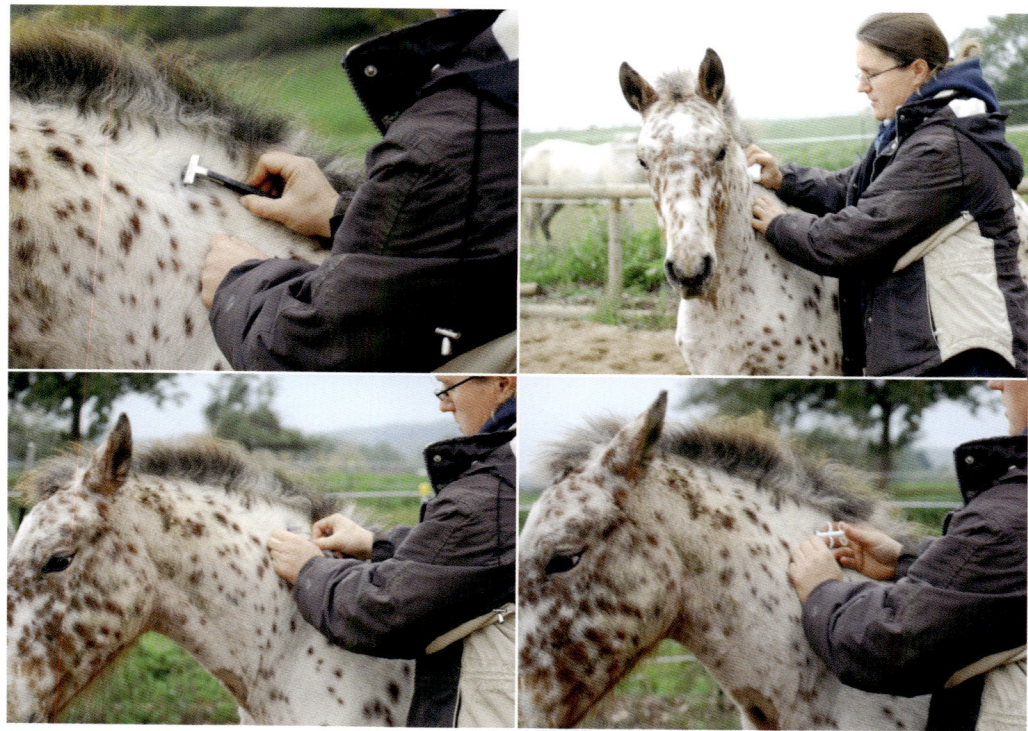

ningsschritte von anderen Menschen durchführen und Ihr Tierarzt wird Ihr Pferd immer gerne behandeln.

Das Chippen der Fohlen

Neuerdings müssen Fohlen gechippt werden. Um den Chip einzusetzen, ist eine deutlich dickere Kanüle als für die normalen Injektionen erforderlich. Es empfiehlt sich daher, dass Einsetzen unter Lokalanästhesie durchzuführen.

Um das Fohlen nicht mit Gewalt festhalten zu müssen, so dass es dabei schon die erste schlechte Erfahrung mit dem Tierarzt macht, ist natürlich auch dafür ein Training sinnvoll. Und ja: Man kann auch Fohlen schon trainieren! Im Prinzip gelten dieselben Regeln wie für erwachsene Pferde.

Als primärer Verstärker eignet sich zum einen Fohlenfutter. Allerdings ist wichtig, dass man mit einem Fohlen das gleiche Höflichkeitstraining macht, wie man es mit einem erwachsenen Pferd machen würde (siehe Seite 23). Zum anderen lieben Fohlen aber auch ein Kratzen an Hals oder Kruppe. Das muss man vorher einfach mal ausprobieren. Auch das Kratzen kann man dann sehr schön als primären Verstärker einsetzen.

Zunächst wird das Fohlen also dafür belohnt, dass es still steht. Im nächsten Schritt wird es am Hals geklopft. Anschließend sollte es auch noch still stehen lernen, wenn eine weitere Person dabei ist.

So vorbereitet kann aus dem Termin fürs Chippen eine weitere Trainingssession gemacht werden, in der das Fohlen viel gekrault und geknuddelt wird. So hat es dann schon mal eine tolle

Erfahrung mit dem Tierarzt. Machen Sie auch hier aus dem eigentlichen Chipvorgang ein Training: »Kannst du stehen bleiben, wenn die Stelle rasiert wird? Kannst du stehen bleiben, wenn der Tierarzt dort desinfiziert? Kannst du stehen bleiben, wenn es für die Lokalanästhesie etwas piekst?« In dem Moment kann die Belohnungsrate ruhig sehr hoch sein. Das eigentliche Chipsetzen ist dann kein Problem mehr, weil die Stelle ja betäubt ist.

Orale Eingabe

Es kommt eigentlich in jedem Pferdeleben vor, dass man dem Tier etwas eingeben muss, sei es Wurmpaste, Vitamine oder was auch immer. Mit gutem Vorbereitungs-Training erspart man sich selber und dem Pferd eine ganze Menge Stress.

Wiederholen Sie noch einmal, dass Sie das Pferd wie in der »Still stehen«-Aufgabe (siehe Seite 118) überall berühren können. Machen Sie das als nächstes mit einer Spritze oder einer Tube, wie man sie zum Eingeben einer Wurmkur verwendet. Diese sollte leer und ausgewaschen sein. Beginnen Sie zunächst ruhig hinten am Pferd und arbeiten Sie sich dann langsam nach vorne zum Kopf.

Im Prinzip fragen Sie das Pferd: »Kannst du auch stehen, wenn ich dich hier mit der Tube berühre? Oder hier? Oder hier?« Stellen Sie die Fragen immer so, dass das Pferd mit »Na klar!« antworten kann.

Als nächstes arbeiten Sie sich zum Kopf vor. »Kannst du auch den Kopf ruhig halten, wenn ich dich mit der Tube dort berühre«? Üben Sie das so lange, bis das Pferd das wirklich ganz entspannt mitmacht. Den Kopf ruhig zu halten, ist natürlich noch etwas schwieriger, als einfach nur ruhig zu stehen.

Danach trainieren Sie, dass Sie das Pferd am Kopf halten können. Gehen Sie wieder langsam und schrittweise vor. Das Ziel ist ein entspanntes

Pferd, wie es hier auf dem Foto zu sehen ist. Bekommt das Pferd mit dem Halten Stress, war die Aufgabe zu schwer. Lassen Sie in solchen Momenten einfach wieder los. Wenden Sie keine Gewalt an, sondern »erklären« Sie Ihrem Pferd in kleinen Schritten die Aufgabe. Denken Sie immer daran, dass das Pferd etwas von Ihnen will. Es wird die Aufgabe ausführen, wenn es sie verstanden hat und sich zutraut.

Zwischenschritte könnten sein

- sich auf Kopfhöhe neben das Pferd stellen,
- die Hand unter seinem Hals ausstrecken, ohne es zu berühren,
- mit der Hand Stück für Stück höher gehen,
- die Hand auf die abgewandte Backe legen,
- die Hand Zentimeter um Zentimeter auf den Nasenrücken schieben.

Mit genügend kleinen Schritten und ausreichend Futter als Verstärkung, damit sich das auch lohnt, wird sich das Pferd vieles gerne gefallen lassen.

Zum Schluss wird beides zusammengesetzt: das Halten und das Berühren mit der Tube im Mundwinkel. Befüllen Sie dann die Tube mit Honig und spitzen nach dem Click etwas davon ins Maul. Auch Apfelmus leistet hier gute Dienste. Ihr Pferd wird die Aufgabe lieben. Sie müssen das nur immer mal zwischendurch als Übung machen, dann ist auch eine Wurmkur kein Problem, wenn es hinterher wieder Honig gibt.

Mit etwas Training ist die orale Eingabe eine entspannte Angelegenheit.

Besprühen und Abspritzen

Es gibt viele Mittel, die auf das Pferd gesprüht werden müssen, sei es nun Fliegenspray oder Desinfektionsspray im Falle einer Wunde. Bei heißem Wetter ist es schön, wenn man das Pferd abspritzen kann, um den Schweiß auszuwaschen, um es abzukühlen oder einfach nur zum Spaß.

Systematisch desensibilisieren

Besprühen kann für Pferde sehr erschreckend sein. Bevor Sie das daher direkt am Pferd machen, möchten wir Ihnen eine »Desensibilisierungsmethode« vorstellen, die Sie prinzipiell bei allen Dingen anwenden können, vor denen sich das Pferd fürchtet.

Der Furcht einflößende Reiz wird dabei in so kleiner Intensität präsentiert, dass er eben noch keine Furcht erzeugt.

In unserem Fall kombinieren wir das mit einer positiven Konditionierung. D.h. während das Pferd frisst, wird in so großem Abstand mit der Sprühflasche oder dem Wasserschlauch gespritzt, dass das Pferd das kaum wahrnimmt. Im Laufen von Tagen arbeitet man sich immer näher heran. Kriterium für das Nähern sollte immer sein, dass das Pferd absolut keine Angst zeigt. Das ist wichtig. Lassen Sie sich ruhig Zeit und gehen Sie eher zu langsam als zu schnell vor.

Positive Assoziation

Dadurch, dass dieser Reiz Stück für Stück näher gebracht wird und dann immer nur da ist, wenn

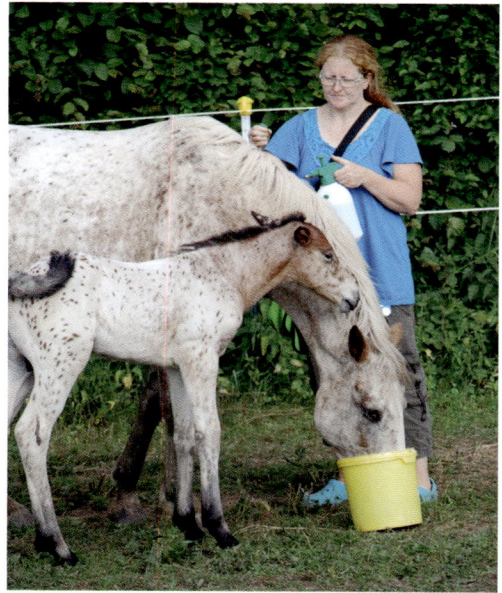 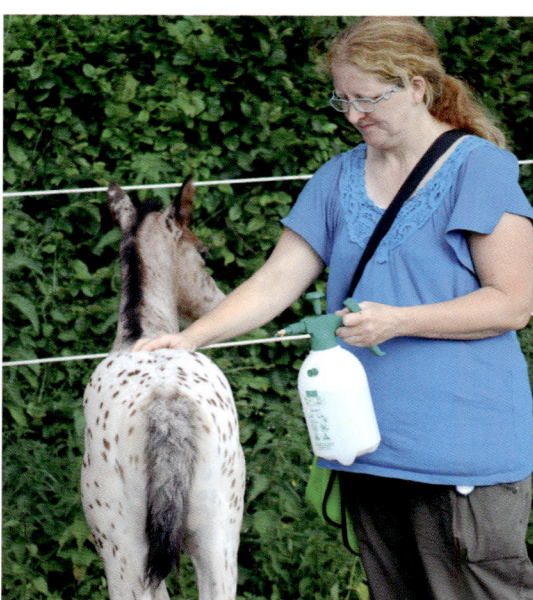

Elin wird hier beim Fressen ans Besprühen gewöhnt. Klein Chiano lernt das von Anfang an als etwas ganz Normales kennen.

etwas ganz Angenehmes – nämlich das Futter – ebenfalls da ist, wird das Sprühen positiv assoziiert. Das ist eine klassische Konditionierung, die sozusagen im Unterbewusstsein des Pferdes abläuft und für die es gar nichts tun muss.

Mit dieser Vorarbeit gehen wir auf Nummer sicher und vermeiden, dass das Pferd sich vor dem Sprühen oder Abspritzen erschreckt und damit vielleicht eine negative Assoziation aufbauen würde.

Das Training

Können Sie in unmittelbarer Nähe des Pferdes Sprühflasche oder Wasserschlauch benutzen, beginnt das eigentliche Training.

Wiederholen Sie dafür noch mal die »Still-Steh-Übung« (siehe Seite 118). Diesmal wird das Pferd eben nicht mit der Hand, sondern mit der Sprühflasche oder dem Schlauch berührt. Zuerst wird dabei natürlich nicht gesprüht. Immer schön einen Schritt nach dem anderen.

Ist das Pferd auch dabei überall entspannt, beginnt man mit dem Besprühen. Beginnen Sie eher im hinteren Bereich. Falls Sie ein Pferd haben, das lieber ganz genau sehen will, was passiert, beginnen Sie an der Schulter.

Sicherheitshalber können Sie auch dieses Training anfangs beim Fressen machen. Dann haben Sie nämlich automatisch eine hohe Belohnungsrate. Unterstützen Sie das Lernen aber, indem Sie entsprechend häufig clicken; das Futter nimmt sich das Pferd dann aus dem Eimer.

Das Pferd darf sich bei unserem Training nicht erschrecken. Eine wichtige Trainereigenschaft, nämlich die Geduld, wird hier gefordert. Also lieber nur 5 Minuten am Stück trainieren und die Schritte klein halten, als zu viel verlangen. Hat das Pferd nämlich erst einmal Angst vor dem

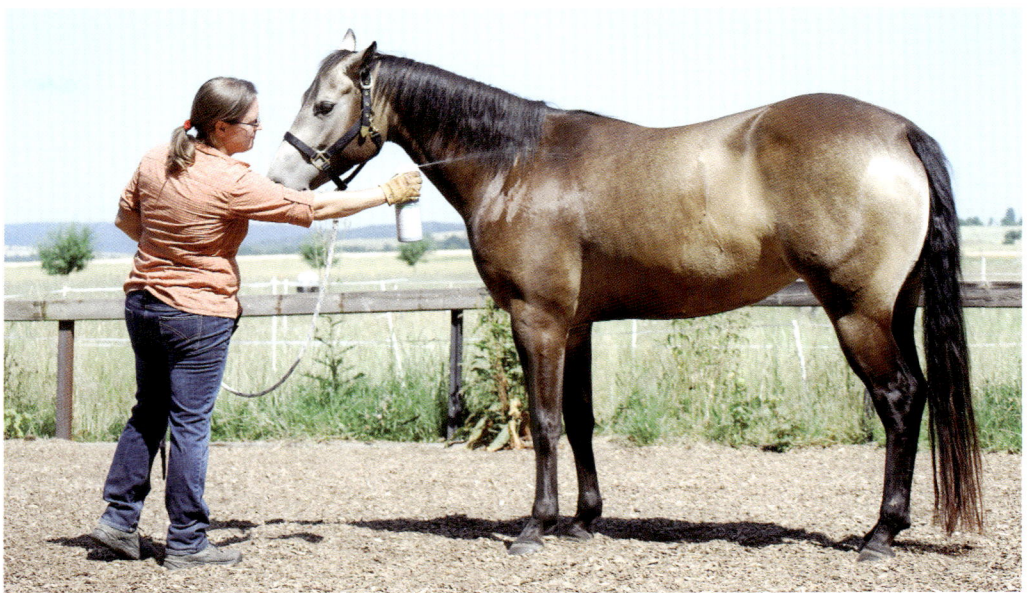

Pepper ist zwar vorsichtig, hat aber so viel Vertrauen zum Clickerspiel, dass sie auch das Besprühen mitmacht.

Besprühen, muss man noch viel viel kleinschrittiger vorgehen.

Sie können sich das Training erleichtern, indem Sie es bei sehr heißem Wetter durchführen. Das Pferd wird dann viel schneller verstehen, dass es eigentlich etwas ganz Angenehmes ist, besprüht oder abgespritzt zu werden.

Fuß im Eimer

Nicht nur bei Reiterralleys, sondern auch bei Angussverbänden ist es ein großer Vorteil, wenn Ihr Pferd seinen Huf in einen mit Wasser gefüllten Eimer stellt und ihn dort auch ruhig stehen lässt. Nehmen Sie den Huf wie zum Hufauskratzen mit der einen Hand auf, stellen Sie mit der anderen Hand den leeren Eimer an die Stelle, an der der Huf nachher wieder abgesetzt wird. Clicken Sie,

wenn das Pferd das erduldet. Wiederholen Sie den Vorgang einige Male. Wenn das Pferd ganz entspannt mit dem Eimer ist, stellen Sie den Huf in den Eimer ab. Dafür gibt es natürlich auch wieder Click und Leckerchen, am besten zunächst, bevor der Huf den Eimer berührt, also noch auf dem Weg nach unten. Erst nach 2–3 Wiederholungen clicken Sie dann im Moment des Auffußens.

Haben Sie einen Helfer, dann übernehmen Sie das Clicken und lassen den Helfer füttern. Dann können Sie mit der Konzentration bei Fuß und Eimer bleiben. Ohne Helfer wird man, je nach Temperament des Pferdes, nach dem Click den Huf wieder aus dem Eimer nehmen, den Eimer unterm Pferd entfernen und dann füttern; bei entsprechender Entspanntheit können Sie den Huf während des Fütterns auch im Eimer lassen. Das müssen Sie vor Ort entscheiden. Im Zwei-

In nur 5 Minuten lernte Püppi für die Fotos, den Huf in einen Eimer mit Wasser zu stellen.

felsfalle machen Sie es bitte eher zu leicht als zu schwer für das Pferd. Denn wenn es sich einmal erschreckt, werden Sie eine Weile brauchen, bis Sie ihm wieder Spaß am Eimerspiel vermitteln können.

Stellt das Pferd den Huf souverän in den Eimer, verlängern Sie die Zeit Stück für Stück, bevor Sie clicken und füttern. Immer wieder gilt: eher zu leicht als zu schwer. Zeigt das Pferd auch nur die geringsten Zeichen von Unsicherheit, wie Anspannung, Tendenz zum Rückwärts-Ausweichen oder Ähnliches, sollten Sie im Training nicht weiter, sondern eher einige Schritte zurückgehen.

Als nächstes kommt das Wasser. Sie haben zwei Möglichkeiten. Haben Sie mit dem Pferd die

Abspritzübung (Seite 129) schon gemacht, können Sie den Eimer mit dem Schlauch auffüllen, wenn der Huf darin steht.

Ansonsten füllen Sie den Eimer erst nur wenige Zentimeter und stellen den Huf hinein. Sobald das Pferd die Wasseroberfläche berührt, sollten Sie anfangs wieder clicken und erst nach einigen Wiederholungen verlangen, dass es den Fuß ganz aufstellt.

Nun füllen Sie den Eimer mehr und mehr, so dass das Pferd schließlich seinen Huf ganz entspannt in einen gefüllten Eimer stellt.

Haben Sie die Übung mit einem Huf trainiert, müssen Sie das auf alle anderen Hufe verallgemeinern. Es ist für das Pferd nämlich nicht dasselbe, ob es seinen rechten oder seinen linken Vorderhuf in den Eimer stellt. Manchen fallen die Vorderhufe viel leichter und die Hinterhufe finden sie etwas aufregender. Bei anderen Pferden ist es genau umgekehrt. Gehen Sie also aufmerksam und immer wieder »jungfräulich« an jeden weiteren Huf heran und passen Sie die Trainingsschritte dem Verhalten des Pferdes an. Nie dürfen Sie etwas voraussetzen. Immer gilt es, das Pferd mit der jeweiligen Übung einzuschätzen und die Trainingsschritte entsprechend zu wählen.

Augenbehandlung

Gerade Augenverletzungen oder Entzündungen im Auge sind oft extrem schmerzhaft, was vielleicht der eine oder andere aus persönlicher Erfahrung kennt. Entsprechend verständlich ist es eigentlich, wenn man es mit den Abwehrbewegungen eines Pferdes in solcher Situation zu tun bekommt. Und doch erlebt man viele Menschen oder ertappt sich vielleicht selber dabei, wie man ein solch unwilliges Verhalten dem Pferd extrem übel nimmt. Schließlich will man ihm nur helfen. Auch für einen solchen Fall gilt, dass man sich und dem Pferd eine ganze Menge Stress und Ärger ersparen kann, wenn man vorbeugend trainiert. Clickertraining ist so kraftvoll, dass man selbst schmerzhafte Behandlungen in einer Weise trainieren kann, dass sie Spaß machen und das Pferd sie dann freiwillig und ohne Abwehrbewegungen über sich ergehen lässt.

Schritt 1: Wiederholen Sie noch mal die Übung »Stehen und Anfassen« (siehe Seite 118) mit Schwerpunkt Berührungen am Kopf. Denken Sie

Primus macht selbst so unangenehme Dinge wie das Fassen ums Auge mit – völlig frei auf einer großen Wiese; er könnte gehen.

daran, ein Spiel daraus zu machen. Sie müssen erreichen, dass das Pferd Ihnen quasi sagt: »Komm, berühre mich noch mal. Ich halte auch ganz still, denn ich will mir einen Click verdienen.« Das ist natürlich etwas vermenschlicht. Aber man kann wirklich einen solchen Eindruck bekommen, wenn man die Entscheidung ganz dem Pferd überlässt und es nicht zwingt. Denn nur so kann man sich die ganze Kraft des Clickers zunutze machen.

Schritt 2: Nähern Sie sich nun mit den Berührungen den Augen. Berühren Sie die Augenlider sowohl oben als auch unten. Achten Sie auf Ihr Timing. Sie müssen clicken, bevor das Pferd auch nur an eine Ausweichbewegung denkt. Machen

Sie es dem Pferd durch zarte Berührungen zunächst einfach. Außerdem üben Sie sich darin, nicht um jeden Preis zu clicken. Ist das Pferd schon im Begriff, eine Ausweichbewegung auszuführen, sollten Sie eben nicht mehr clicken. Allerdings sollten Sie sich dann bemühen, Ihr eigenes Verhalten zu ändern, indem Sie also schneller sind oder die Aufgabe vereinfachen, so dass Sie in mindestens 4 von 5 Fällen clicken können.

Schritt 3: Das Pferd soll sich jetzt aktiv der Hand nähern. Ähnlich wie beim Targettraining (siehe Seite 43) halten Sie nun die Hand fast bis ans Auge; das Pferd soll sich das letzte Stück aus freien Stücken der Hand nähern und seine Augelider quasi in Ihre Hand drücken.

Schritt 4: Fassen Sie jetzt Ober- und Unterlid gleichzeitig an und ziehen Sie die Lider auseinander, um das Auge zu öffnen. Denken Sie an eine hohe Belohnungsrate. Sehen Sie sich im Training auch schon mal das Auge und die Schleimhäute an, damit Sie ein Bild davon bekommen, wie sie normalerweise aussehen, um gegebenenfalls Veränderungen schneller wahrzunehmen. Erschrecken Sie nicht, wenn Ihnen die Schleimhäute leicht gelblich vorkommen. Das ist bei Pferden normal.

Schritt 5: Können Sie dem Pferd die Augen öffnen, haben Sie schon eine ganze Menge erreicht. Steigern Sie die Anforderungen, indem Sie es auch an eine mögliche Behandlung gewöhnen. Besorgen Sie sich dafür in der Apotheke oder bei Ihrem Tierarzt physiologische Kochsalzlösung und eine Plastikspritze. Hilfreich kann jetzt auch die Abspritzübung (siehe Seite 129) sein. So vorbereitet, lassen Sie etwas Flüssigkeit am Auge

Das Pferd lernt, Gegenstände am Auge zu tolerieren.

des Pferdes entlanglaufen. Wenn das kein Problem mehr ist, können Sie die physiologische Kochsalzlösung auch direkt ins Auge geben.

Schritt 6: Es ist außerdem sinnvoll, auch mit fremden Gegenständen unmittelbar am Auge zu arbeiten. So könnten Sie dem Pferd beibringen, das Abreiben mit einem Tuch zu tolerieren. Auch andere Gegenstände sind fürs Training sinnvoll. Der Fantasie sind keine Grenzen gesetzt. Achten Sie nur darauf, dass die Gegenstände kein Verletzungsrisiko für das Pferd darstellen (keine scharfen Kanten oder Spitzen). Außerdem empfiehlt sich, den Handrücken am Pferdekopf zu haben, wenn die Finger einen Gegenstand halten. Dann ist die Hand abgestützt und spürt außerdem jede Bewegung, die der Pferdekopf macht.

Verbände anlegen

Die Vorübungen fürs Verbandanlegen sind »Still-Stehen« (siehe Seite 26) und »Mit fremden Gegenständen berühren lassen« (siehe Seite 118). Damit ist es dann auch kein Problem mehr, dem Pferd einen Verband anzulegen. Eventuell sollten Sie hierfür noch trainieren, dass es eben entsprechend lange still steht.

Immer wenn etwas auf Länge trainiert wird, ist es von Vorteil, wenn die Zeit im Durchschnitt, aber für das Pferd unvorhersehbar, ausgedehnt wird. Das bedeutet, dass es den Click und die Belohnung mal nach einer halben Minute gibt, dann nach einer, dann nach 45 Sekunden usw. Auch wenn das Pferd schon 10 Minuten still stehen kann, sollte es bisweilen nach einer Minute belohnt werden.

Auch das Anlegen von Verbänden kann man trainieren.

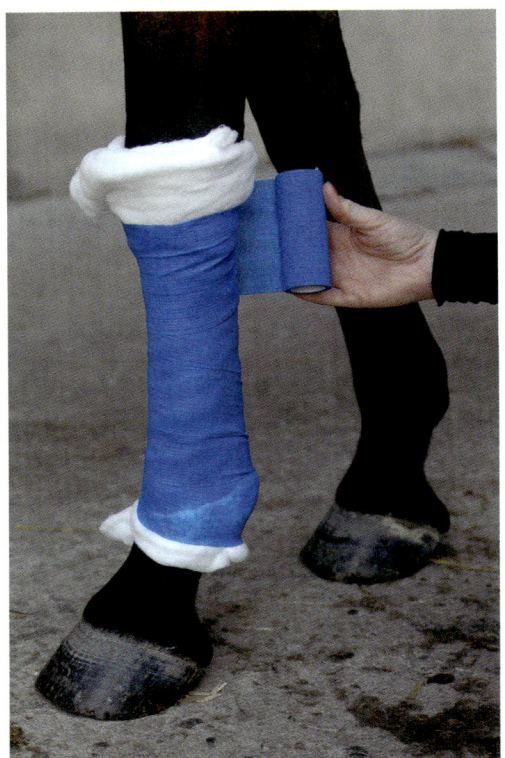

Auf diese Art und Weise kann man die Motivation zum Durchhalten am besten steigern, denn jeder Moment könnte der sein, an dem Click und Belohnung kommen.

Auch Körperbandagen aus der Tellington-Arbeit (www.lindatellingtonjones.com) können beim Training helfen. Damit kann sich das Pferd daran gewöhnen, dass es etwas an ungewohnten Stellen an seinem Körper hat.

Ein so vorbereitetes Pferd ist dann auch jederzeit in der Lage, sich ruhig einen Verband anlegen zu lassen, selbst wenn niemand da es, um es zu halten. Das kann in manchen Erste-Hilfe-Situationen wichtig sein und eine Menge Stress aus der Aktion herausnehmen.

Zähne kontrollieren und raspeln

Das Zähneraspeln ist leider auch eine Behandlung, bei der viele Pferde sediert werden müssen, weil sie nicht kooperativ mitarbeiten. Da es sich dabei um eine regelmäßig wiederkehrende Aktion handelt, lohnt sich auch hier das Training für alle Beteiligten. Hat Ihr Pferd schlechte Erfahrungen mit sehr viel Aufregung beim Zähneraspeln gemacht, ist es wichtig, das Training in einem ganz anderen Kontext durchzuführen. Es ist nämlich viel leichter, bei Null anzufangen als bei »Minus irgendwas«. Besprechen Sie mit Ihrem Tierarzt, wie man die Zahnraspelprozedur anders gestalten könnte – unter der Voraussetzung, dass das Pferd kooperativ ist. Wenn an der eigentlichen Vorgehensweise nichts zu ändern ist, dann ziehen Sie für das Training z.B. einen roten Kittel an und machen es immer an einem ganz bestimmten dafür neu ausgewählten Ort.

Warum das alles? Hat Ihr Pferd wirklich schlechte Erfahrungen mit dem Zähneraspeln gemacht, können Sie es kaum innerhalb von einem halben Jahr vollkommen umtrainieren. Schließlich trainieren Sie in der Regel nicht den ganzen Tag und wenn, dann auch nicht nur die Zahnbehandlung. Daher wird in der Zwischenzeit eine Behandlung durchgeführt werden müssen. Wird das Pferd dazu gezwungen, würden Sie sich Ihr ganzes Training wieder kaputt machen, es sei denn Sie schaffen es, dem Pferd zu vermitteln, dass es sich um zwei völlig verschiedene Aufgaben handelt. In dem einen Kontext sind Sie und der Tierarzt dann bewusst die »Bösen«. In dem anderen Kontext werden Sie – z.B. im roten Kittel – die »Guten« sein. Erst wenn Sie im Training so weit fortgeschritten sind, dass Sie die ganze Zahnbehandlung als »Gute« machen können, brauchen Sie nicht mehr die »Bösen« zu sein. Aber wirklich erst dann.

Auf diese Art und Weise kann man eine unangenehme Sache für das Pferd weitermachen, während man die eigentlich gleiche Behandlung parallel dazu hinsichtlich besserer Kooperation trainiert. Sie müssen nur den Kontext so weit wie möglich ändern und dann auch zuverlässig sein. Haben Sie sich also in Ihrem Trainingsfortschritt überschätzt und es ist nicht möglich, die ganze Behandlung als die »Guten« durchzuführen, dann dürfen Sie das Pferd in diesem Kontext nicht zwingen. Vielmehr muss dafür die Situation geändert werden, in unserem Beispiel also anderer Ort, roter Kittel aus, usw.

So ist es möglich, dem Pferd auf positive Weise auch unangenehme Dinge »schmackhaft« zu machen, die fortgeführt werden müssen, bevor das Training abgeschlossen ist.

Aber nun zum eigentlichen Training:

Besorgen Sie sich verschieden dicke Holzstücke, die an den Kanten etwas abgerundet sind, um Verletzungen zu vermeiden.

Beginnen Sie das Training mit einem relativ dünnen Stück. Lassen Sie das Pferd das Holz zuerst wie einen Target berühren. Macht es das sicher, zögern Sie den Click heraus und warten ab, bis es ansatzweise das Maul dazu öffnet. Die meisten Pferde tun das relativ schnell. Macht es das nicht, wenn Sie das Holzstück in Ihrer Hand halten, legen Sie es auf den Boden. Belohnen Sie auch hier zunächst ein Berühren und warten Sie dann ab. Clicken Sie auch nur die leiseste Idee einer Maulöffnung. Bald wird das Pferd das Holzstück ins Maul nehmen. (So kann man übrigens das Apportieren trainieren.) Nehmen Sie als nächstes das Stück wieder in die Hand, damit das Pferd auch dort das Maul öffnet, um es zu ergreifen.

Klappt das, dann nehmen Sie das Holzstück mit je einer Hand an beiden Enden und halten es dem Pferd waagerecht hin. Es empfiehlt sich, mit Helfer zu arbeiten, es geht aber auch alleine. Sie müssen dann allerdings Clicker und Holz zusammen halten oder einen Zungenclick verwenden. Das Pferd muss zum Fressen loslassen, was Ihnen die Gelegenheit gibt, nach dem Click das Futter zu reichen.

Im nächsten Schritt sollten Sie das ruhige Halten des Holzes herauszögern. Fangen Sie mit Bruchteilen von Sekunden an und arbeiten Sie sich langsam vor. Später empfiehlt es sich, ein Seil an den Enden des Holzstückes zu befestigen, das Sie dem Pferd dann hinter die Ohren ziehen können. Dann brauchen Sie nicht zu halten und können dem Pferd die Übung durch Kraulen oder Tellington-Touches verkürzen. Anders als beim Gebiss sollten Sie aber darauf achten, dass das Pferd nicht lernt, auf dem Holz herumzukauen. Dafür müssen Sie einfach clicken, bevor es zu kauen beginnt.

Sind Sie im Training so weit gekommen, ist es an der Zeit, das dünne Holzstück allmählich durch immer dickere Holzstücke zu ersetzen. Wie weit kann das Pferd das Maul öffnen? Machen Sie auch hier wieder ein Spiel daraus.

Mit einem keilförmigen Holzstück, welches vorne abgerundet ist, können Sie auch das einseitige Halten trainieren. Hier ist es wichtig, dass Sie sich mit dem Zahnbehandler absprechen, was er braucht.

Dann kommt der Punkt, an dem Sie sich das Original-Werkzeug entweder beschaffen oder ausleihen sollten. Vielleicht dürfen Sie das Maulgatter mal für ein paar Minuten haben, während der Tierarzt bei Ihnen im Stall ein anderes Pferd behandelt.

Es ist für das Pferd nicht dasselbe, ein Stück Holz oder das Maulgatter ins Maul zu nehmen. Wiederholen Sie die Übung zunächst noch mal mit dem Holz und präsentieren dann das Maulgatter. Clicken Sie wieder Andeutungen einer Maulöffnung. Gehen Sie also ruhig wieder einige Trainingsschritte zurück. Zur Not präsentieren Sie Holz und Maulgatter zusammen, um dem Pferd eine Idee zu geben.

Wiederholen Sie dann alles, was Sie schon mit Holz geübt haben, mit dem Maulgatter oder auch mit dem Maulkeil.

Ist das Pferd ruhig und entspannt mit ordentlich befestigtem Maulgatter, dann können Sie ihm auch ins Maul fassen, um es daran zu gewöhnen. Auch wenn es umständlich ist, das Pferd zu

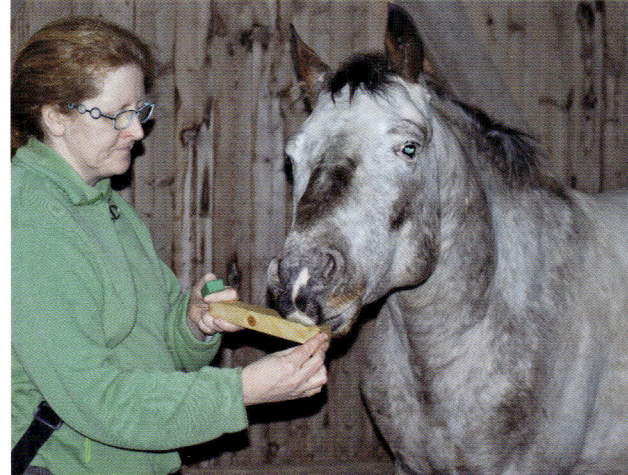

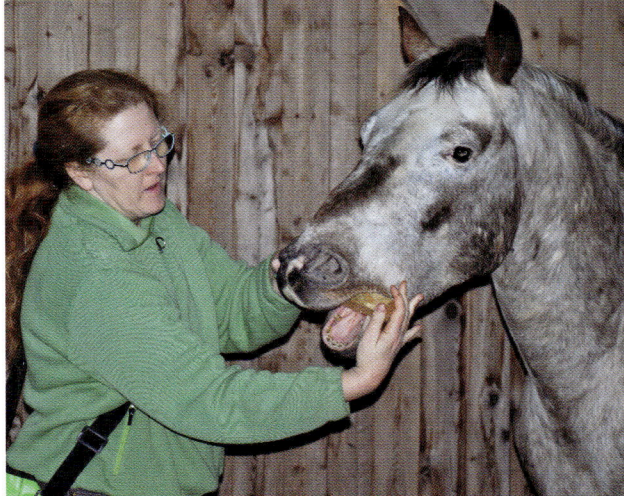

In kleinen Schritten lernt Buccaneer, sein Maul freiwillig zu öffnen, um später eine stressfreie Zahnbehandlung zu erleben.

belohnen, weil man ja dazu das Maulgatter lösen muss, ist es wichtig, anfangs mit einer hohen Belohnungsrate zu arbeiten. Wenn Sie Glück haben, liebt Ihr Pferd ein Kraulen, so dass Sie das teilweise als Belohnung einsetzen können, aber wirklich nur, wenn es dabei genüsslich die Augen verdreht.

Die eigentliche Zahnbehandlung trainieren Sie am besten wieder mit dem Tierarzt. Er bekommt dann – in unserem Beispiel – den roten Kittel. Erklären Sie ihm, was Sie vorhaben und bezahlen Sie ihn für 10 Minuten Mitarbeit. Er sollte verstehen, dass es nicht darauf ankommt, die Zähne wirklich zu raspeln, sondern auf die kleinen Trainingsschritte und die Belohnung. Ist es vorher abgesprochen, dass Sie seine Zeit bezahlen, ist das bestimmt machbar. Diese Investition lohnt sich auf alle Fälle, wenn Sie dafür später ein Pferd haben, welches das Zähneraspeln ruhig und entspannt über sich ergehen lässt.

🟠 Verladetraining

Wünschen Sie sich ein Pferd, das Sie jederzeit ganz alleine entspannt und ruhig verladen können? Das nicht furchtsam einen geparkten Hänger beäugt, sondern es nicht erwarten kann, bis Sie die Klappe öffnen? Durch das Zerlegen in kleine Trainingsschritte und die positive Verknüpfung über den Clicker können Sie auch Pferde, die schon Verladeprobleme haben, wieder »umprogrammieren« und ihnen beibringen, mit Spaß und Vertrauen in den Hänger zu steigen. Dabei hilft Ihnen der Ausbau des Trainings mit dem Target, bei dem zunächst alle Vorübungen ganz ohne den mit Stress verknüpften Hänger trainiert werden. Deswegen können Sie auch getrost weiterlesen, wenn Sie zwar ein Pferd mit Verladeprobleme, aber keinen Hänger haben.

Es ist von entscheidender Wichtigkeit, dass Sie niemals versuchen, ihr Pferd mit Hilfe des Cli-ckers in den Hänger zu führen, solange nicht alle unten beschriebenen Vorübungen sicher trainiert sind und Ihr Pferd sie gelassen und motiviert ausführt. Müssen Sie während der Wochen, in denen Sie das Targettraining durchführen, Ihr Pferd transportieren, verladen Sie es bitte weiterhin wie gewohnt. Auch hier hilft uns also das schon oben beschriebene Konzept der »Guten« und »Bösen«. Sind also Longe, Helfer oder Sedierung durch den Tierarzt nötig, machen Sie das. Versuchen Sie es zu früh mit dem Clicker und überfordern dabei Ihr Pferd, werden Sie im Training enorm zurückgeworfen. Sie riskieren zudem, dass Ihr Pferd das Vertrauen in Sie verliert.

🟠 Verladen mit Target

Bei dieser sehr eleganten Variante sollte Ihr Pferd schon sehr zuverlässig einen Target mit der Nase berühren und ihm folgen können (siehe Seite 43). Die meisten Pferde lieben diese Aufgabe, da sie recht häufig durch Anstupsen des Targets eine Belohnung ergattern können. Unterstützen und erhalten Sie diese Begeisterung beim Verladetraining auch weiterhin dadurch, dass Sie durch kleine Trainingsschritte eine hohe Erfolgs- und damit auch Belohnungsrate erreichen. Der Spaß sollte stets im Vordergrund stehen. Dann wird es Ihnen und Ihrem Pferd leicht möglich sein, die einzelnen Hersausforderungen des Verladens mit Hilfe des Targettrainings zu bewältigen.

Meist haben die Pferde unterschiedliche Bedenken, was das Verladen betrifft. Das eine Pferd hat Angst vor der Enge im Hänger, das andere vor dem polternden und wackeligen Untergrund, das nächste vor der Plane über dem Kopf und man-

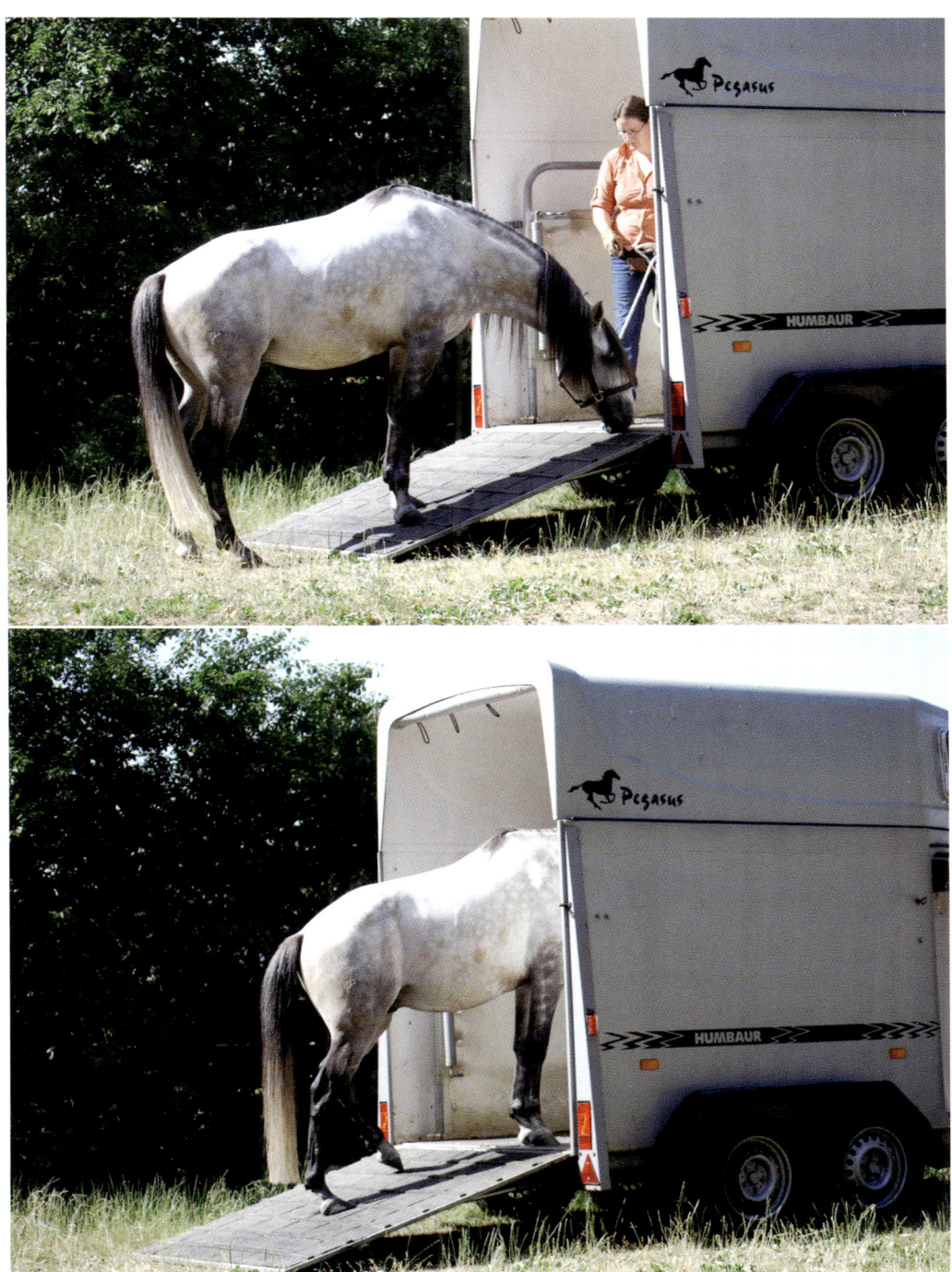

Belohnen Sie auch beim Verladetraining kleine Fortschritte.

Das Bewältigen von unsicherem Grund, wie hier auf der Wippe, ist eine gute Vorübung fürs Verladen.

che davor, beim Ausladen rückwärts in die »unbekannte Tiefe« treten zu müssen. Zerlegen Sie also wie immer im Clickertraining die Aufgabe in kleine Teile und üben Sie sie anfangs einzeln.

Lotsen Sie Ihr Pferd mit Hilfe des Targets zunächst über verschiedene Untergründe, ein Brett, eine Plane, eine mit Planken verstärkte Palette, eine große Stufe oder eine schräge Rampe. Durch jede Übungseinheit bekommt Ihr Pferd mehr Vertrauen in sich und den »gefährlichen« Untergrund. Bewältigt es diese Herausforderungen vorwärts ohne Probleme, können Sie Vertrauen und Koordinationsfähigkeit weiter schulen. Lassen Sie Ihr Pferd nun mit Hilfe des Targets rückwärts dieselben Hindernisse überwinden. Haben

Sie dies geschafft, sind Sie schon einen guten Schritt weiter in Richtung eines verladefrommen Pferdes.

Die Enge des Hängers können Sie schrittweise im Training durch andere Hindernisse simulieren. Beginnen Sie mit nebeneinander liegenden Stangen oder Pylonenreihen, steigern Sie die Herausforderung dann mit einer Cavaletti-Gasse, einem Engpass durch Heuballen oder einer mit Absperrband und Weidepfählen aufgestellten Gasse. Auch hierbei können Sie den Abstand anfangs so wählen, dass Ihr Pferd zügig und ohne Stress zu dem Target in Ihrer Hand läuft und ihn anstupst. Zögert es oder bleibt einfach stehen, wissen Sie, dass der Trainingsschritt zu groß war und können vor dem nächsten Durchgang den Abstand der

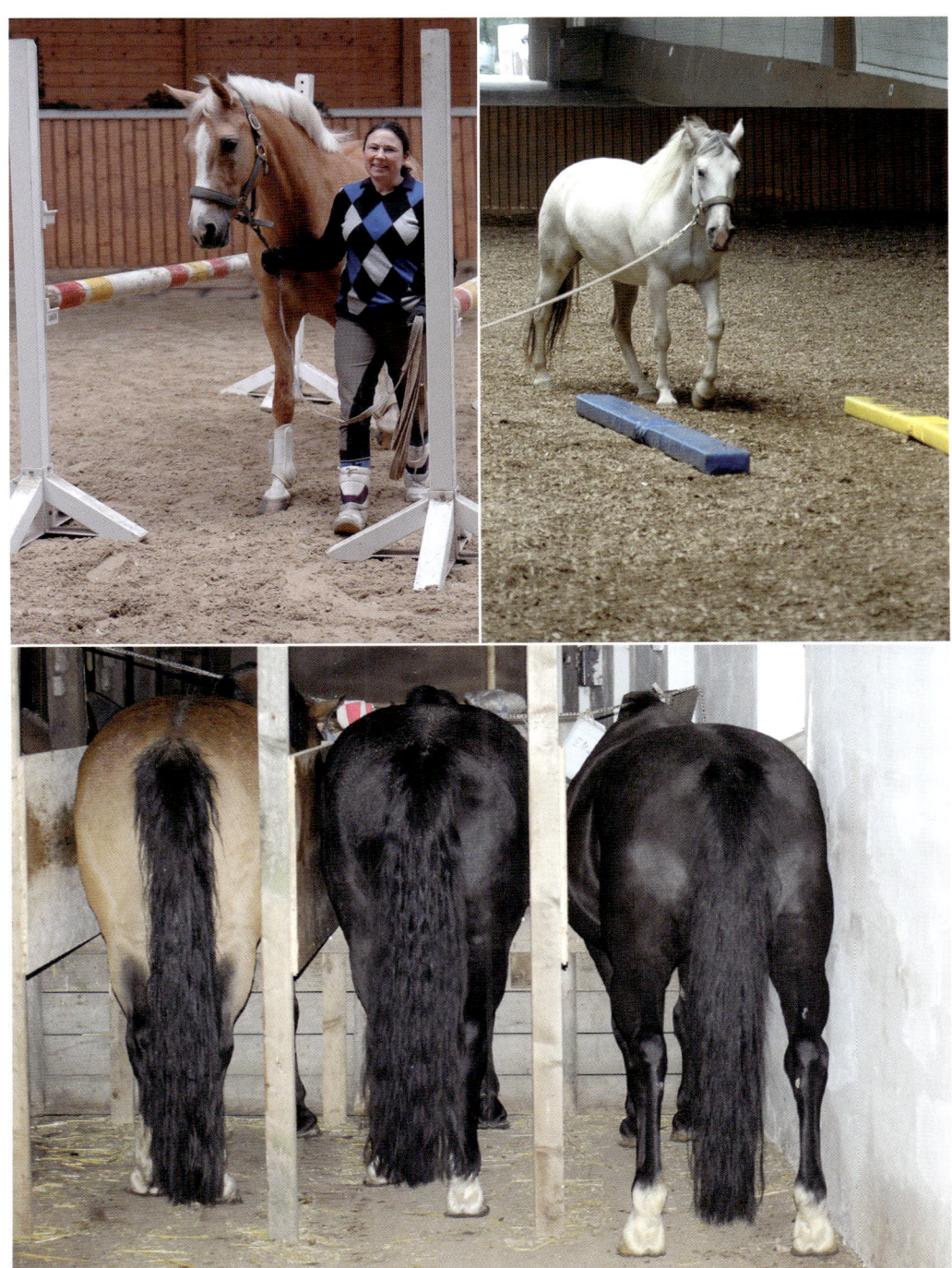

oben: *Führen und Longieren durch Gassen: die ersten Vorübungen für das Verladetraining.*
unten: *In den Fressständen verlieren die Pferde schnell ihre Scheu vor Engpässen.*

Gasse wieder etwas verbreitern. Ihr Pferd sollte stets mit Spaß bei der Sache sein und sich nicht gruseln, zögerlich werden oder stürmen.

Schaffen Sie es, Ihr Pferd mit dem Target längs durch einen hohen Oxer zu lotsen, bei dem die Stangen mit Decken oder sogar Planen behängt sind, dürfte Ihr Pferd in Punkto Enge im Hänger keine Bedenken mehr haben.
Alle Engpässe und Gassen sollten Sie sowohl vorwärts als auch rückwärts trainieren. Lassen Sie

Auch eine Vorübung zum Verladen: unter Plastikstreifen oder einer Plastikplane hindurchführen.

das Pferd zunächst in der Gasse selbst einen oder mehrere Schritte rückwärts treten. Geht es in dem Engpass auf Ihr Signal hin flüssig und ohne zu zögern vorwärts und rückwärts, bleibt auch mal eine Zeit ruhig stehen und ist mit Begeisterung bei der Sache, können Sie dem Stopppunkt in Richtung Gassenausgang verlegen. Dann muss es sich beim anschließenden Rückwärtstreten immer mehr selbständig in den Engpass einfädeln. Das fördert Vertrauen und Körperbewusstsein und erleichtert ihm später beim Verladen das ruhige und entspannte Verlassen des Hängers.

Für Pferde, die Probleme mit der Plane über ihrem Kopf haben, starten Sie das Training mit einem Seil, das an zwei ausreichend hohen Pfosten befestigt ist. Das Seil sollte anfangs so hoch hängen, dass Ihr Pferd dem Target ruhig und vertrauensvoll folgt. Wenn es sich jederzeit unter dem Seil stoppen und rückwärts führen lässt, ersetzen Sie das Seil durch eine Latte. Dies wird bei entsprechend kleinen Trainingsschritten leicht möglich sein. Binden Sie im nächsten Übungsschritt kurze Stücke eines Flatterbandes an die Latte. Anfangs befestigen Sie die Latte hoch genug, dass die Bänder die Pferdeohren beim Durchlaufen nicht berühren. Klappt das gut, machen Sie sie Schritt für Schritt länger und hängen die Latte tiefer. Sparen Sie bei jeder freiwilligen und entspannten Berührung Ihres Pferdes mit dem Flatterband nicht mit Lob, Click, Leckerchen und Begeisterung. Hierbei hilft zusätzlich das Verfüttern des Leckerchens mit tiefer Kopf-Halshaltung, da dadurch das Pferd die gewünschte Reaktion auf Dinge über seinem Kopf automatisch mitlernt. Es wird mit zunehmender Übung beim Berühren des Flatterbandes in Erwartung des Leckerli den Kopf nach unten

Verladen durch freies Formen.

nehmen. Beim Verladen wird es dann später die gleiche Reaktion zeigen, wenn es gilt, den Kopf zu senken um unter die Hängerplane zu passen.

Beherrscht Ihr Pferd alle diese Vorübungen zum Verladen, können Sie nun anfangen, die Hindernisse zu kombinieren. Hängen Sie das Flatterband über die Cavalettigasse, bauen Sie eine bodenverstärkte Palette zwischen Heuballen und krönen Sie Ihr Hängertraining indem Sie Rampe, Oxer und Flatterband miteinander kombinieren.

Jetzt ist der Moment gekommen, in dem Sie für Ihr Hängertraining tatsächlich einen Hänger benötigen. Ihr Pferd hat nun alle Herausforderungen des Verladenwerdens mit Spaß und ohne Zwang gemeistert. Sie können es jetzt mit dem Target Schritt für Schritt in den Hänger führen. Achten Sie auch hier anfangs auf eine sehr hohe Click- und Leckerchen-Rate, Ihr Pferd wird dann den Hänger damit positiv verknüpfen. Es wird ihn

einfach als weiteres Trainingsobjekt wahrnehmen, das genauso viel Spaß bringt wie alle vorherigen Übungen.

Verladen durch freies Formen

Wenn Sie ein Pferd haben, das die Vorübungen fürs Verladen beherrscht oder das bisher noch keine Angst beladenen Erfahrungen mit dem Hänger gemacht hat, können Sie es auch durch freies Formen verladen. Dazu stellen Sie Ihr Pferd möglichst gerade vor die Rampe des Hängers. Nun können Sie jede Annäherung Ihres Pferdes an den Hänger clicken und belohnen. Anfangs ist es womöglich ein Hineinschauen in den Hänger oder ein Beschnüffeln der Rampe, das Sie mit dem Clicker einfangen und belohnen können. Später ist es ein Berühren der Rampe mit dem Huf, dann das Belasten des Hufes auf der Rampe. Haben Sie Ihr Pferd auf die Rampe geclickt, kön-

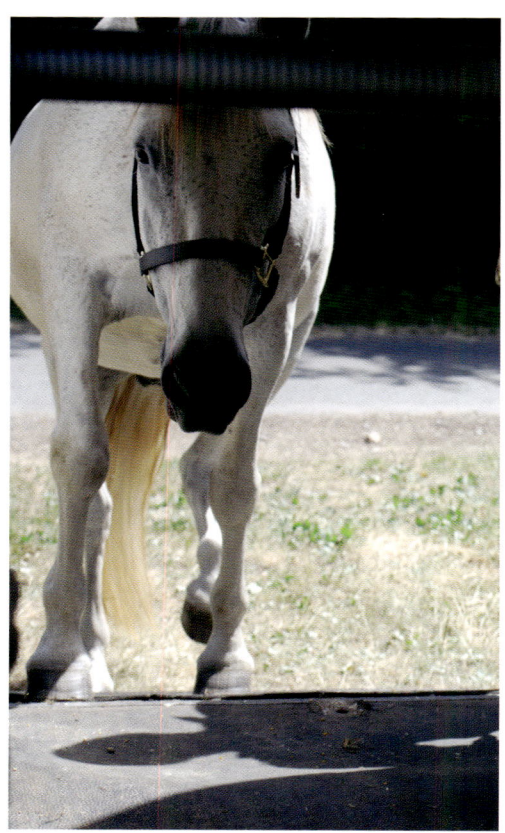

Das Pferd schaut neugierig in den Hänger hinein.

es wieder von unten, haben Sie den Vorteil, dass es sozusagen neuen Schwung nehmen kann und nicht so schnell an der kritischen Stelle stecken bleibt. Sie haben außerdem dann auch wieder die Möglichkeit, einen schönen Versuch zu clicken. Dadurch bleibt die Belohnungsrate hoch und Ihr Pferd weiter motiviert.

Bleibt ihr Pferd nach dem Füttern des Leckerli auf dem Hänger, können Sie die kleinen Schritte an dieser Stelle belohnen. Ein Nach-vorne-Verlagern des Körpergewichts, das Senken der Nase um den Boden zu erkunden, ein Vorsetzen eines Hufes. Beobachten Sie Ihr Pferd genau, was es Ihnen anbietet, dann wird es schneller die Lösung des Verladeknobelspiels herausfinden und mit Spaß bei der Sache bleiben.

Haben Sie den Eindruck, dass es nur noch regungslos da steht und Sie kein Verhalten mehr clicken können, führen Sie Ihr Pferd wieder aus dem Hänger. Dann können Sie nochmals den neuen Start nutzen, um Vorwärtsbewegung zu clicken. Achten Sie dabei allerdings darauf, dass Sie Ihr Pferd nicht ausbremsen und auf der Rampe festclicken, wenn es schon zur Hälfte in den Hänger gehen kann. Dann meint es womöglich, es soll immer auf der Rampe stehen bleiben. Seien Sie variabel und denken Sie an eine hohe Belohnungsrate.

nen Sie sich überlegen, wo Sie stehen möchten. Machen Sie es Ihrem Pferd ruhig einfach. Ist es gewohnt, Ihnen zu folgen, stehen Sie am besten immer einen Schritt weiter im Hänger als Ihr Pferd. Füttern Sie es für den Click möglichst weit vorne, damit es »nach vorne denkt«. Es sollte aber nicht nach dem Click einen zusätzlichen Schritt machen müssen, um das Futter zu erreichen.

Ob Ihr Pferd nach dem Füttern der Belohnung wieder aus dem Hänger oder komplett von der Rampe geht, darf es selbst entscheiden. Startet

Können Sie Ihr Pferd zuverlässig in den Hänger clicken, ist im nächsten Schritt das ruhige Stehen im Hänger das Belohnungskriterium. Wenn Sie das außerhalb des Hängers schon geübt haben, wird das Pferd Ihnen dieses Verhalten auch im Hänger bald anbieten. Belohnen Sie anfangs ruhig im Sekundentakt. Hier dürfen Sie Ihr Pferd jetzt »festclicken«. Click und Belohnung können so schnell auf einander folgen, dass das Pferd fast

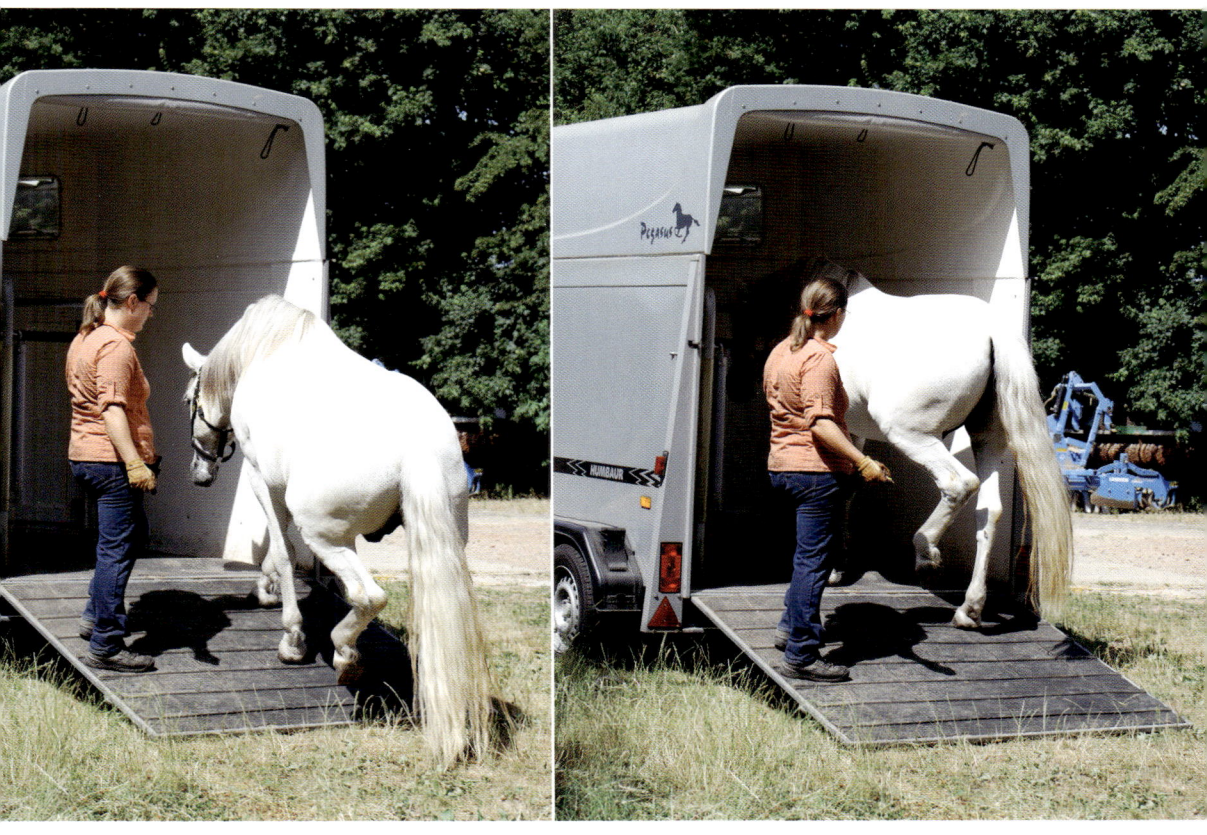

Stressfrei in den Hänger – noch mit zur Seite gestellter Trennwand.

gar keine Zeit mehr hat, zwischendurch etwas anderes zu tun. Bei jeder Rückwärtsbewegung hören Sie allerdings sofort mit dem Clicken auf. Das Pferd darf so weit aus dem Hänger herausgehen, wie es möchte und Sie fangen die Übung von vorne an. Haben Sie ein ruhig im Hänger stehendes Pferd, können Sie daran arbeiten, dass es auch stehen bleibt, wenn Sie oder eine Hilfsperson mit der Verschlussstange die Kruppe berühren oder Klappergeräusche produzieren. Bleibt es ruhig und gelassen, egal was man hinter ihm treibt, können Sie die Stange das erste Mal schließen. Starten Sie

auch hier wieder im Sekundentakt; Ihr Pferd sollte immer vertrauensvoll mitarbeiten und mit Spaß bei der Sache sein. Genauso gehen Sie beim Schließen der Verladerampe vor. Rampe hoch, Pferd entspannt, Click, Futter. Wird die Rampe angehoben und Ihr Pferd zeigt eine Anspannung, lassen Sie die Rampe wieder runter, clicken nicht und fangen von vorne an, nur dass diesmal die Rampe weniger hoch gehoben wird.

Versuchen Sie, entspannt zu bleiben und das Training als Spiel mit dem Pferd zu sehen. »Kommst du auf die Idee, dein Bein auf die Rampe zu stel-

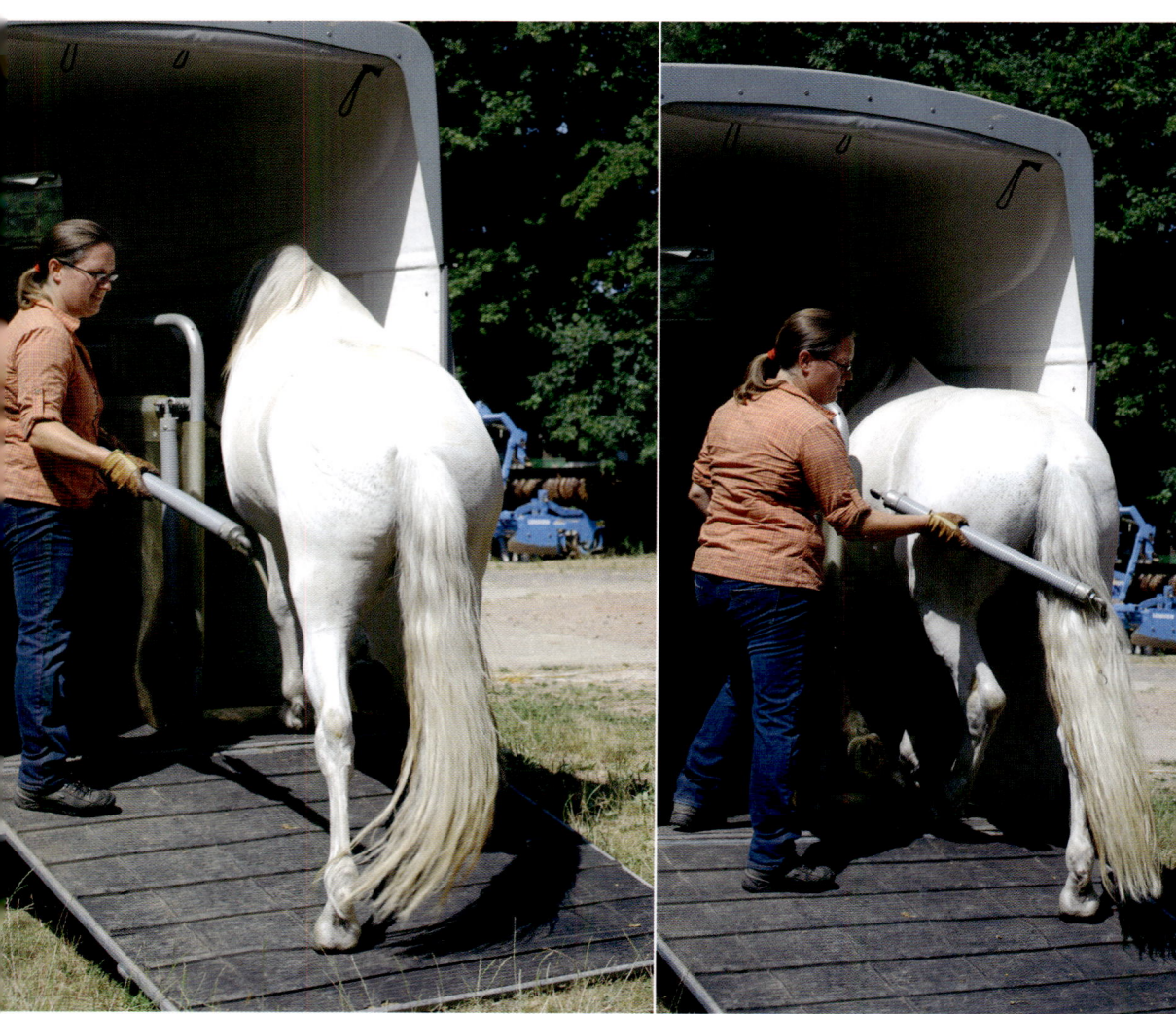

... und jetzt das Ganze mit Trennwand und Berühren der Kruppe mit der Stange.

len?« Machen Sie ein geistiges Knobelquiz für Ihr Pferd aus dem Verladetraining und versuchen Sie, die kleinen Schritte und den Spaß im Auge zu behalten. Das Endziel des komplett im Hänger stehenden Pferdes sollte quasi nur ein »Abfallprodukt« Ihres gemeinsamen Hängertraining-

spiels sein. Üben Sie deswegen mit dieser Methode möglichst nur, wenn Sie nicht unter Zeit- oder Erfolgsdruck stehen. Sie funktioniert zwar verblüffend schnell, es ist aber unter Druck für viele Menschen schwieriger, das Prinzip der kleinen Trainingsschritte und damit einer hohen Beloh-

Steht das Pferd ruhig, kann die Stange nun problemlos geschlossen werden.

nungsrate einzuhalten. Man gerät dann leicht in die Versuchung, mehr zu fordern, damit es (scheinbar) schneller geht, hat aber ziemlich sicher bald ein Pferd, das nicht mehr mitmacht, d.h. aus dem Training (und aus dem Hänger) aussteigt.

Haben Sie es geschafft, Ihr Pferd frei in den Hänger zu formen, können Sie zu Recht auf sich und Ihr Pferd stolz sein. Sie haben eine tolle Trainingsleistung vollbracht und nebenbei eine sehr gute Kommunikation mit Ihrem Pferd entwickelt. Ihr Pferd hat mit Ihrer Hilfe herausgefunden, was

Gewöhnen Sie das Pferd an alles, was mit der Hufbearbeitungzu tun hat, ...

Sie von ihm wollen und Sie haben es durch eine komplexe Aufgabe »gecoacht«.

Wenn es nun an das Fahren im Hänger geht, ist es wichtig, dass auch diese Erfahrung für Ihr Pferd nicht unangenehm ist. Fahren Sie also extrem langsam. Hören Sie in einer Kurve einen Ausgleichsschritt Ihres Pferdes, waren Sie zu schnell! Wenn in einer Autobahn-Ausfahrtskurve eine schöne kleine Autoschlange hinter Ihnen entsteht, stimmt Ihr Tempo. Wenn Sie zu schnell fahren, hat Ihr Pferd keine Chance, sich beim Bremsen oder in Kurven durch Gewichtsverlagerung auszubalancieren. Sie müssen also für Ihr Pferd mitdenken und sehr vorausschauend fahren. Wenn Sie die Möglichkeit haben, fahren Sie einmal eine kurze

Stecke in einem Hänger mit. Das eröffnet Ihnen ein ganz neues Gefühl für die Problematik der Pferde bei der Fahrt. Sind Sie ein Clickerfan geworden, können Sie auch einen Mitfahrer bitten, Sie für jedes sanfte Abbremsen, langsames Kurvenumschleichen und sensibles Beschleunigen zu clicken und mit einem Leckerchen Ihrer Wahl zu belohnen!

Hufschmied

Genau wie das Verladen gehört das Verhalten beim Hufschmied nicht unbedingt zum Medical Training. Da es aber immer wieder Probleme gibt, wollen wir das Thema doch hier mit ansprechen. Dieses Kapitel ist also nur für diejenigen Leser,

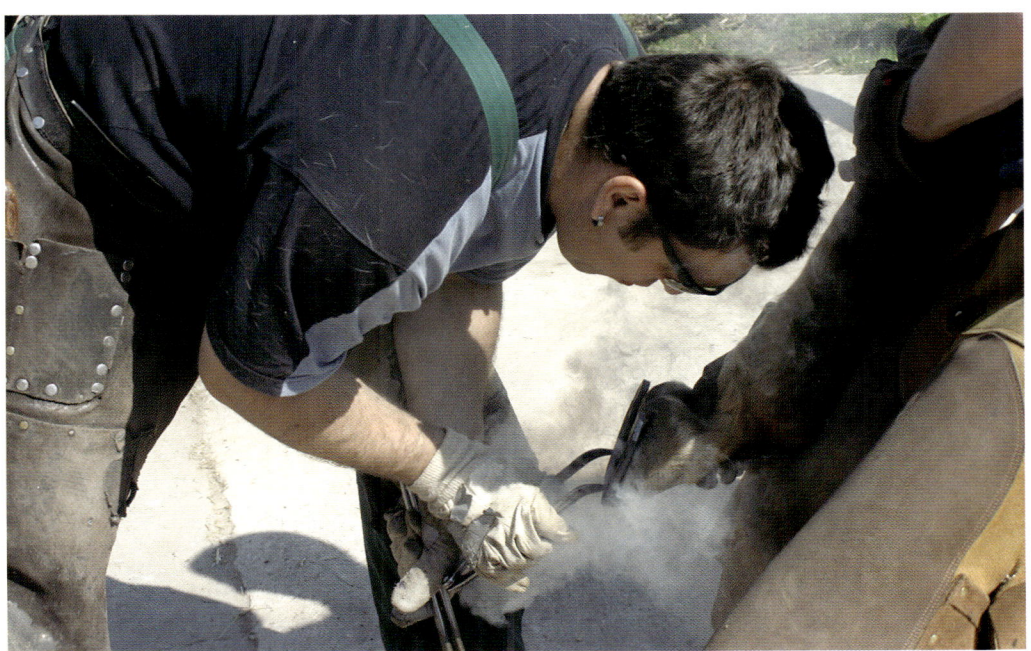

... unter anderem auch an das Aufbrennen der Eisen.

die ihr Pferd vielleicht nur mit Sedierung dem Schmied vorstellen können oder anderweitig unzufrieden mit dem Verhalten beim Hufschmied sind.

Das Schöne am Clickertraining ist, dass man selbst sehr unangenehme Dinge so trainieren kann, dass es dem Pferd Spaß macht. Das hatten wir schon öfter. Wichtig ist es nur, dass Sie und am besten auch der Schmied die Lerntheorie gut verstehen.

So sieht es in der Realität aus:

Das Pferd steht schön still und wird nicht beachtet. Der Hufschmied macht seine Arbeit. Man unterhält sich.

Das Pferd wird unruhig und zappelt. Jetzt reagieren die meisten Menschen so, dass sie mit beruhigender netter Stimme zunächst mal auf es einreden: »Sei brav. Steeeh. So ist gut.« Damit wird aber genau dieses Zappeln belohnt. Denn genau dann bekommt das Pferd nette Aufmerksamkeit. Die nächste Steigerung ist dann, dass es bei Unruhigsein mehr oder weniger streng angegangen oder auch geschlagen wird. Was passiert da? In der Regel sind Pferde nervös, weil sie nicht so genau wissen, was mit ihnen passiert. Werden Sie dann auch noch geschlagen, trägt das nicht gerade dazu bei, ihr Vertrauen in den Hufschmied zu fördern. Im Gegenteil. Vielleicht schafft man es, ein Pferd so weit einzuschüchtern, dass es sich zunächst nicht traut, sich zu wehren. Man

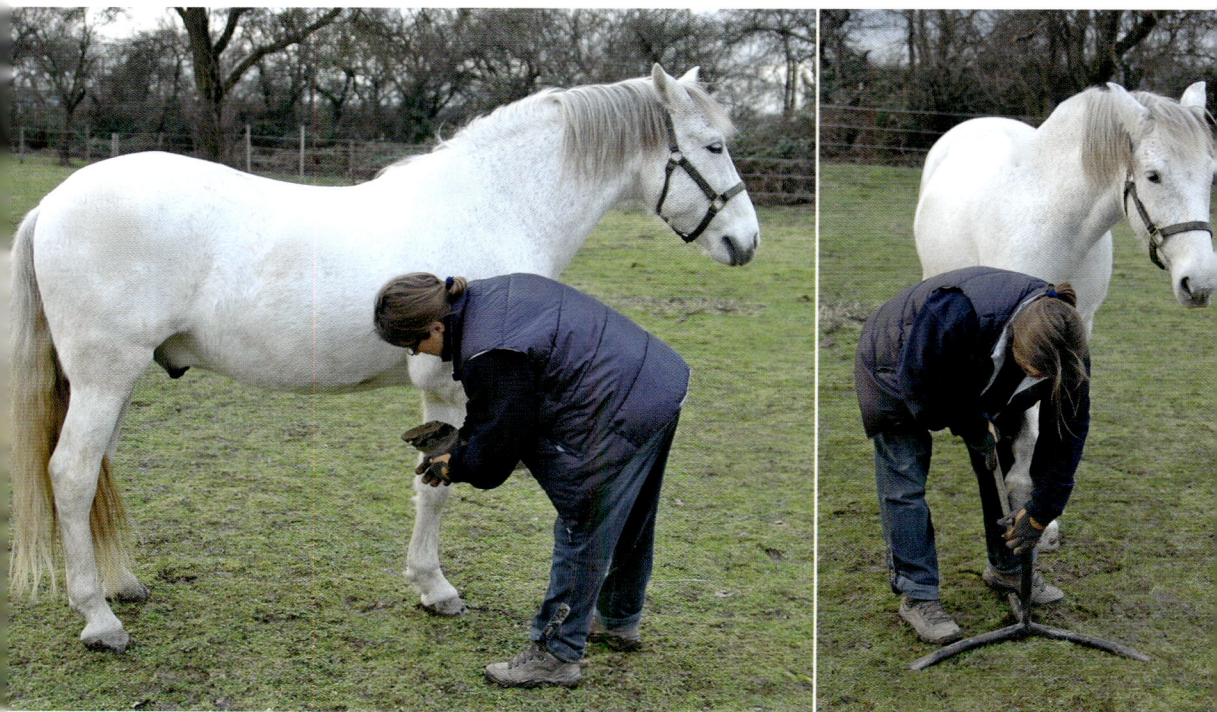

Wer vorher übt, hat, wenn es darauf ankommt, weniger Stress.

kann das mit einem Menschen auf dem Zahn-
arztstuhl vergleichen, der Schläge angedroht
bekommt, wenn er zittert. Natürlich wird der sich
bemühen, das Zittern bestmöglich zu vermeiden.
Versuchen Sie sich aber mal in diese Person hinein zu versetzen. Wie wird sie sich fühlen? Ganz
bestimmt nicht sicher und entspannt.
Das genau ist aber unser Ziel mit dem Pferd beim
Hufschmied. Es soll sich sicher fühlen und entspannt und geduldig stehen. Auf diese Weise
werden auch die Verletzungsrisiken für alle
Beteiligten minimiert.
Leider setzen die meisten Menschen viel zuviel
voraus, was ein Pferd »von Natur aus können

soll«. Prinzipiell muss man jedoch alles trainieren, was man vom Pferd in seiner Eigenschaft als
Begleiter des Menschen und Reitpferd verlangt.
Das wird gerne vergessen. Die nächste, gerne
vergessene Tatsache ist, dass jedes Zusammensein mit dem Pferd auch Training bedeutet, ob
wir das nun wollen oder nicht. Wir müssen also
ständig auf unser eigenes Verhalten achten, so
dass wir dem Pferd nichts Falsches vermitteln.
Es gilt also für die Arbeit an den Hufen das
Gleiche wie für alle anderen Trainingsaufgaben:
Wir müssen uns das Trainingsziel vorstellen, es
formulieren, in kleine Schritte zerteilen und Stück
für Stück trainieren.

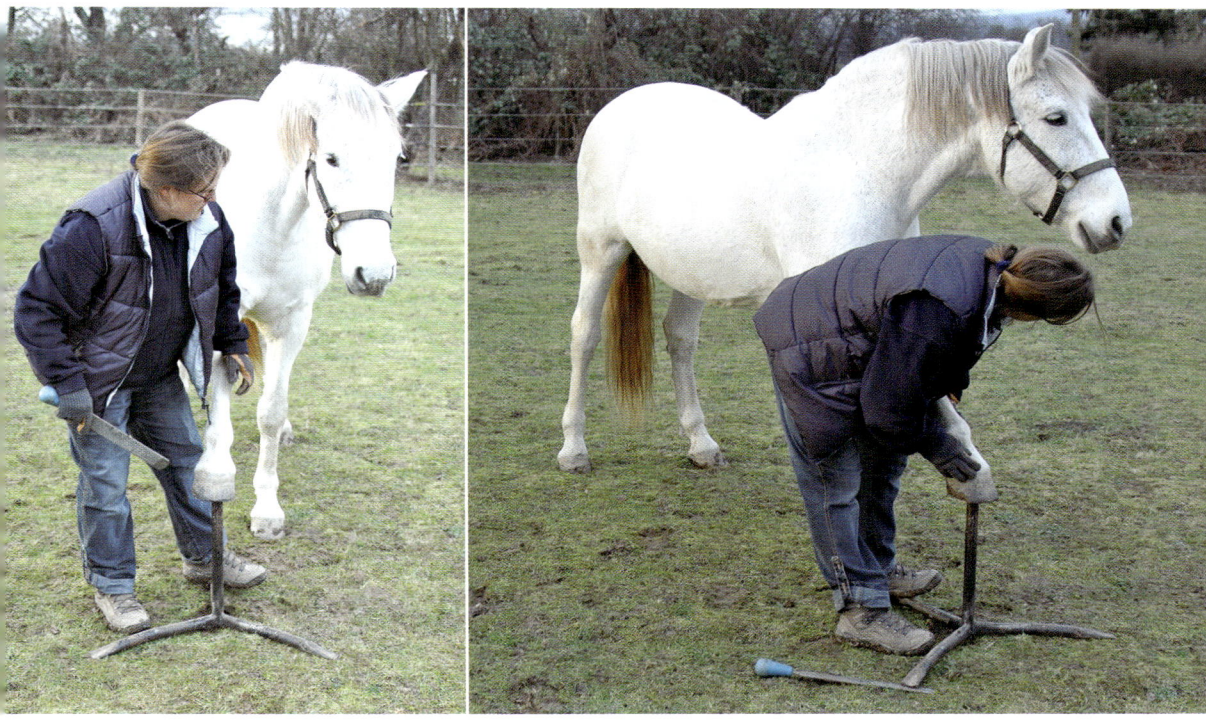

Trainieren Sie das Bearbeiten der Hufe auf dem Bock.

1. Schritt: Hufe geben

Diese Aufgabe ist schon auf Seite 79 beschrieben. Deshalb verweisen wir dorthin. Wichtig wäre als nächster Schritt noch, dass das Pferd die Übung auch mit unterschiedlichen fremden Menschen ausführt.

2. Schritt: Hufe länger geben

Jetzt gilt es, die Zeit hinauszuzögern und das Pferd seine Hufe immer länger geben zu lassen. Wichtig ist dabei, dass die Zeit wieder im Durchschnitt und unvorhersehbar verlängert wird. Achten Sie darauf, das Pferd immer für ein schönes Hochhalten der Hufe zu clicken. Häufig wird beim Absetzen geclickt, was aber die falsche Information gibt. Am besten zählt man für ein Training, bei dem es auf bestimmte Zeitabschnitte ankommt, immer im Kopf mit. Dann hat man eine Art Zählwerk laufen und kann so einigermaßen objektiv kontrollieren, wie das Training läuft.

Das Pferd lässt sich gar nicht am Bein anfassen

Es gibt Fälle, da werden Sie denken: »Schön und gut mit den Trainingsschritten. Wenn ich aber gar nicht erst ans Bein herankomme, um zu trainieren, dass das Pferd den Huf gibt?« Auch für solche Pferde gibt es einen Startpunkt, bei dem sie noch entspannt sind und geclickt und belohnt werden können, auch wenn das in einem Meter Abstand ist. Man beginnt mit der Berührung z.B. im Schulterbereich. Berührung -> Click -> Leckerchen. Von da aus arbeitet man sich Stück für Stück das Bein herunter, bis dahin, wo man hin möchte. Immer sollte man nur so weit gehen, wie es einem selber und dem Pferd angenehm ist. Im Clickertraining kann man die Schritte wunderbar dem Können von Pferd und Mensch anpassen.

Fallbeispiel Kisa:
Wir hatten eine Stute, die aufgrund einer sehr schmerzhaften Verletzung im Hufbereich gezielt nach dem Hufschmied getreten hat. Das ging soweit, dass selbst unter Sedation ein Beschneiden der Hinterhufe unmöglich war.

Wie oben beschrieben, wurde daraufhin in kleinen Schritten trainiert. Eine der Autorinnen war zu dem Zeitpunkt hochschwanger. Das Training wurde so gestaltet, dass es Pferd und Mensch angenehm war. So war es auch in hochschwangerem Zustand möglich, an den Hinterbeinen zu arbeiten, weil es für beide in Ordnung war. Es geht immer darum, niemanden zu gefährden, sondern auf Nummer sicher zu gehen. Trotzdem kommt man mit den kleinen Schritten ans Ziel.

In Kisas Fall sah der erste Hufschmiedbesuch nach dem Training so aus, dass am Hinterbein ca. 20 Sekunden gearbeitet werden konnte. Dann wurde geclickt und gefüttert. Es wurde laut mitgezählt, so dass der Schmied wusste, wo er dran war. Auf diese Weise war ein sicheres Ausschneiden möglich. Der nächste Schmiedbesuch lief dann ganz normal ab. Das setzt natürlich auch einen Hufschmied voraus, der sich mit der

Lerntheorie auskennt und Verständnis für ein solches Vorgehen hat.

3. Schritt: Huf bearbeiten
Kann das Pferd den Huf für eine bestimmte Zeit hochhalten, muss es noch daran gewöhnt werden, dass daran gearbeitet wird. Dazu kann man selber feilen, mit einem Hammer klopfen und natürlich auch ganz normal auskratzen. Generell gilt, dass im Training das Pferd weiter ausgebildet werden sollte, als es im wirklichen Leben notwendig ist.

4. Schritt: Der Schmied
Es ist wichtig, dass der Schmied in schwierigen Fällen unbedingt ins Training mit einbezogen wird. Denn es ist etwas anderes, ob der Trainer, also in dem Fall die Bezugsperson, oder der Schmied, der eventuell schon negativ besetzt ist, die Übungen durchführt. Es gilt also die Schritte,

Üben Sie, wann immer Sie können – auch mit fremden Menschen.

die man alleine mit dem Pferd bereits durchgearbeitet hat, einmal mit dem Schmied zu wiederholen. Hat man vorher schon mehrere fremde Menschen die Übungen machen lassen, wird es mit dem Schmied umso einfacher.

Unabdingbar ist eine genaue Absprache der Trainingsschritte, damit sich dann auch alle Beteiligten daran halten. Es ist menschlich, besonders wenn es schon relativ gut klappt, auch einfach noch etwas mehr zu probieren. Das kann einen in einem solchen Fall aber extrem im Training zurückwerfen.

5. Schritt: Alle Eventualitäten trainieren

Es ist wichtig, dass man sich überlegt, was alles rund um den Hufschmiedbesuch vom Pferd verlangt wird. Und all das muss man trainieren. Dazu gehört z.B. beim Beschlagen auch das Aufbrennen des Eisens. Hier würde sich als Zwischenschritt anbieten, neben dem Pferd ein Eisen auf ein Stück Horn eines anderen Pferdes aufzubrennen. Oder das Pferd neben einem routinierten Pferd stehen zu lassen, was gerade beschlagen wird. So kann es sich an Geräusche und Gerüche gewöhnen. Und erst, wenn es dabei ganz entspannt ist, kann es auch bei ihm selber gemacht werden.

Das was hier alles vielleicht etwas aufwändig und langwierig klingt, ist im Gesamtzusammenhang jedoch gar nicht so schlimm. Möglicherweise sind drei Hufschmiedbesuche als Trainingssituationen einzurechnen, in denen man die Hufe nicht wirklich ordentlich bearbeiten kann, aber danach ist das Problem gelöst. Das ist also relativ gesehen recht wenig Aufwand, im Vergleich zu einem Pferd, das andernfalls vielleicht ein Leben lang Probleme beim Hufschmied macht.

Zum Schluss

Das Schöne am Clickertraining ist, dass man es unabhängig von der Reitweise anwenden kann. Sehen Sie also unsere Übungen als Angebot, sich in den Clickerprinzipien zu üben. Fühlen Sie sich frei darin, Übungen nach Ihren Vorstellungen abzuändern. Sie bestimmen das Trainingsziel.

Durch die vollkommen freiwillige Teilnahme der Pferde können sie uns sehr gut sagen – und sie werden es auch tun – wenn ihnen eine Übung zu viel wird. Sie sollten immer aufhören, bevor das Pferd aufhören möchte. Das ist ein ganz wichtiger Anhaltspunkt für das Training. Denn auch scheinbar harmlos aussehende Übungen, können vom Pferd zuviel verlangen, wenn sie übertrieben werden. Daher ist uns wichtig, dass die Freiwilligkeit des Pferdes an oberster Stelle steht.

Greifen Sie auch die Angebote des Pferdes auf! Denn die lassen sich manchmal spaßige Übungen einfallen. So hat ein Pferd einer Clickertrainerin angeboten, mit dem Speichel Blasen zu formen. Natürlich kann man sagen, dass das nicht wirklich eine gymnastische Übung ist, aber sie hat Pferd und Mensch sehr viel Spaß gemacht. Das wirkt sich wiederum extrem positiv auf das Verhältnis aus, das Zusammensein ist entspannt, was sich wiederum auf Muskulatur und Bewegungsapparat auswirkt, usw. So etwas nennen wir – im Gegensatz zu so vielen Teufelskreisen, die bei Ausbildung über Zwang entstehen – einen Engelskreis. Man bekommt durch scheinbar nutzlose Übungen auch in anderen Bereichen eine ganze Menge geschenkt.

Wir haben ganz bewusst die Aufgaben der Hohen Schule außen vor gelassen, obwohl gerade diese ja auch einen sehr gymnastizierenden Charakter haben. Wir wollten hier Übungen vorstellen, die von jedermann durchzuführen sind, auch wenn das reiterliche Wissen und Können noch nicht so ausgeprägt sind.

Denken Sie auf alle Fälle daran, dass der Spaß immer im Vordergrund stehen sollte und der Sicherheit halber die Höflichkeitsregeln eingehalten werden. Dann wird das Sein mit dem Pferd ein ständiges Geschenk und so, wie wir es uns vielleicht erträumt haben, als wir noch nicht mit der Realität im Zusammensein mit dem Pferd konfrontiert waren. Schon das freudige Wiehern auf der Koppel und das Angaloppiert-Kommen sind einfach gigantisch. Mit diesem Buch wollen wir Sie an diesen Erfahrungen teilhaben lassen, die für uns schon lange selbstverständlich sind. In diesem Sinne viel Freude und Erfolg mit Ihrem Pferd, auf dass die gesteigerte Fitness und Beweglichkeit Ihnen beiden viele tolle Momente beschert.

Katja Frey
Nina Steigerwald
Viviane Theby

*Primus, Knabstrupper-
Hengst, 2 Jahre,
LÜ: Ballspielen*

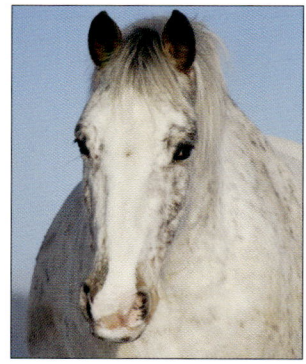

*Elin, Knabstrupper-Stute,
5 Jahre,
LÜ: Hinlegen*

*Chiano, Knabstrupper-
Fohlen, 6 Monate,
LÜ: Führübung*

*Jule, Mix-Stute,
17 Jahre,
LÜ: Entspannen*

*Püppi, Friesenmischlings-
Stute, 6 Jahre,
LÜ: Balancieren*

*Braunchen, Welsh Cob-
Mischlingsstute, 6 Jahre,
LÜ: Drehen auf dem Podest*

Auf dieser Doppelseite
möchten wir Ihnen die
Pferde, die in diesem Buch
mitgearbeitet haben und
ihre jeweilige Lieblings-
übung (LÜ) vorstellen.

*Amadeus, Shetland-Pony-
Wallach, 13 Jahre,
LÜ: Wippen*

*Gala, Hannoveraner-
Stute, 7 Jahre,
LÜ: Podest*

Buccaneer, Knabstrupper-
Hengst, 5 Jahre,
LÜ: Hüfttarget

Kisa, Westfalen-Stute,
8 Jahre,
LÜ: Schultertarget

Tracy, Welsh B-Ponystute,
16 Jahre,
LÜ: Podest

Zion, Lusitano-Hengst
6 Jahre,
LÜ: Nasentarget

Sueño, Andalusier-
Wallach, 13 Jahre,
LÜ: Schulterherein

Pepper, Quarter Horse-
Stute, 5 Jahre,
LÜ: Kopf runter

Laukur, Islandpony-
Fohlen, 7 Monate,
LÜ: Nasentarget

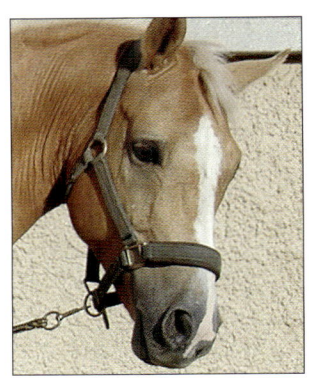

Golden DJ, Reitpony-
Wallach, 7 Jahre

Balu, Haflinger-Hengst,
15 Jahre,
LÜ: Spanischer Schritt

Beispiel für ein Trainingstagebuch			
	Trainingsschritt	**Richtig/Falsch**	**Bemerkung**
15.1.2011	*Hüfttarget links: Target präsentieren und Bewegung einfangen*	*7/0*	*Buccaneer hat schon beim 3. Mal die Idee, worum es geht*
16.1.2011	*Hüfttarget links*	*8/1*	*B. macht schon zuverlässig einen Schritt mit dem Hinterbein seitwärts*
19.1.2011	*Hüfttarget links: Abstand zum Target vergrößern*	*6/0*	*Es klappen bis zu 2 Schritte sehr gut! Die linke Seite klappte erstaunlich schnell.*
20.1.2011	*Hüfttarget links und Vorwärtsbewegung als Vorstufe zum Kruppeherein*	*6/2*	*Es klappt schon 1 Schritt mit Hüfttarget in Bewegung!*

Zum Weiterlesen

Diacont, Kerstin und Löffler, Andrea (2010):
Richtiges Training – Gesundes Pferd:
Anatomisches Grundwissen für Reiter und
Ausbilder, Müller Rüschlikon Verlag
*Dem Leser wird das Verständnis für die
anatomisch richtige Haltung von Reiter
und Pferd vermittelt, die ein für das Pferd
schadensfreies Reiten ermöglicht. Sinnvolle
Trainingskonzepte werden vorgestellt und
Lösungsmöglichkeiten für vorhandene
Probleme angeboten.*

Kreiselmeier, Kaja (2008):
Pferde gesund und vital durch Heilkräuter,
Müller Rüschlikon Verlag
*Neben gutem Training tragen natürlich
auch Kräuter zur Gesunderhaltung unserer
Pferde bei. Außerdem erfährt man in die-
sem Buch so nützliche Dinge wie das
Verwenden von Hagebutten als
Leckerchen, die den Pferden nicht nur
schmecken, sondern auch gesund sind.*

Pryor, Karen (2006):
Positiv bestärken – sanft erziehen:
Die verblüffende Methode, nicht nur für Hunde,
Kosmos Verlag
Karen Pryor gilt als die Pionierin in Sachen
Clickertraining. An sehr vielen Beispielen
auch aus dem menschlichen Bereich zeigt
sie, wie man sich über positive Verstärkung
das Leben sehr viel angenehmer machen
kann.

Pryor, Karen (2010):
Die Seele der Tiere erreichen: Erfolgreich
kommunizieren mit positiver Bestärkung,
Kosmos Verlag
In ihrem zweiten Buch beschreibt Karen
Pryor nach jahrelanger Erfahrung viele von
den wundervollen Erfahrungen mit
Clickertraining bei unterschiedlichen
Tierarten. Es ist eine so tiefe und feine
Verständigung möglich mit dem Clicker,
dass es durch den englischen Titel
»Reaching the animal's mind« eigentlich
perfekt ausgedrückt ist.

Spilker, Imke (2006):
Selbstbewusste Pferde – Wie Pferde ihre
eigenen Übungen und Lektionen entwickeln,
Animal Learn Verlag
In diesem Buch wird sehr schön gezeigt,
dass man Pferde nicht dominieren muss,
sondern ihre eigene Persönlichkeit fördern
und entwickeln kann. In diesem Buch
wird den Pferden ein Mitspracherecht im
Training gegeben, so dass es echte Team-
arbeit ist.

Theby, Viviane (2011):
Verstärker verstehen: Über den Einsatz von
Belohnung im Hundetraining, Kynos Verlag
Obwohl das ein Buch fürs Hundetraining
ist, können interessierte Clickertrainer für
Pferde eine Menge daraus lernen, weil die
Trainingsprinzipien dieselben sind. Und in
einem ganzen Buch nur über Belohnung
lernt man wirklich eine Menge über das
Thema.

Wendt, Marlitt (2010):
Vertrauen statt Dominanz, Cadmos,Verlag
Die Verhaltensbiologin Marlitt Wendt zeigt
in diesem Buch die ethologischen Hinter-
gründe von Dominanz, Herdenverhalten
und Rangordnung und deren tatsächlichen
Einfluss auf das Training und die Bezie-
hung zwischen Mensch und Pferd.

Clickertraining mit Pferden im Internet:
Unter www.youtube.com und dem Kanalnamen
»ivianeheby« stellt Viviane Theby in regelmäßi-
gen Abständen neue Beispiele vom Clickertraining mit ihren Pferden ein.
Auf Facebook bei den Knabstruppern vom
Scheuerhof kann jeder das Training der Pferde
verfolgen.
Bei www.theclickercenter.com kann man
Trainings-DVDs von Alexandra Kurland, einer
amerikanischen Clickertrainerin, bestellen, in
denen sie sehr detailliert die einzelnen Trainingsschritte beschreibt. Besonders inspirierend
ist das Blindenführpony Panda, das auf dieser
Seite vorgestellt wird.
Bei www.clickerreiter.de hat Christiane Müller
eine umfangreiche Seite übers Clickertraining
mit Pferden mit vielen Beispielen zusammen-
gestellt.

Auf in den Sattel!

In CAVALLO entdecken Sie die faszinierende Welt der Pferde. CAVALLO überzeugt von der ersten bis zur letzten Seite mit spannenden Reportagen über Reiter- und Pferdepersönlichkeiten, nützlichen Tipps zu Gesundheit, Pflege und Psychologie, sowie kritischen Reitschul-Tests und Hintergrundberichten aus der Szene. Und natürlich allem, was man über die Ausbildung von Pferden wissen muss.

Jeden Monat NEU am Kiosk!